动漫游戏系列丛书

动 漫 游 戏 系 列 丛 书

Flash动画设计

赵 巧 程海超 张 凡 等编著

设计软件教师协会 审

中国铁道出版社

CHINA RAILWAY PUBLISHING HOUSE

内 容 简 介

本书以北京京艺伦动漫艺术培训中心、合肥三美艺术发展有限公司制作完成 99 集 Flash 动画片《我要打鬼子》的第 7 集《谁来救我》为线索，全面讲解了真正的 Flash 动画片的具体制作流程。本书共分 7 章：第 1 章和第 2 章讲解了动画的基础知识和动画片的制作流程；第 3 章和第 4 章通过几个有关动漫的基础动画实例，详细讲解了 Flash 的基础知识，使读者能够理论联系实际，学以致用；第 5 章和第 6 章详细讲解了运动规律，并通过实例具体讲解了运动规律在 Flash 中的具体应用；第 7 章从 Flash 剧本入手，全面系统地讲解了《谁来救我》这一集动画片的具体制作过程，旨在帮助读者完成一部完整动画片的制作。

本书配套光盘中包含了所有实例的素材以及源文件，供读者练习时参考。

本书适合作为高等院校、高等职业院校艺术类专业和社会培训班的教材，也可作为从事动画设计的初、中级用户的参考书。

图书在版编目（CIP）数据

Flash 动画设计 / 赵巧等编著. — 北京：中国铁道
出版社，2010.8
（动漫游戏系列丛书）

ISBN 978-7-113-11528-9

Ⅰ.①F⋯　Ⅱ.①赵⋯　Ⅲ.①动画－设计－图形软件
，Flash　Ⅳ.①TP391.41

中国版本图书馆 CIP 数据核字（2010）第 104545 号

书　　名：Flash 动画设计
作　　者：赵　巧　程海超　张　凡　等编著

策划编辑：翟玉峰　王春霞
责任编辑：翟玉峰　　　　　　　　　　编辑助理：包　宁
封面设计：付　巍　　　　　　　　　　封面制作：白　雪
责任印制：李　佳　　　　　　　　　　版式设计：于　洋

出版发行：中国铁道出版社（北京市宣武区右安门西街 8 号　　　邮政编码：100054）
印　　刷：北京米开朗优威印刷有限责任公司
版　　次：2010 年 8 月第 1 版　　　2010 年 8 月第 1 次印刷
开　　本：787mm×1092mm　1/16　印张：16.25　字数：375 千
印　　数：3 000 册
书　　号：ISBN 978-7-113-11528-9
定　　价：59.00 元（附赠光盘）

丛 书 序

　　动漫游戏产业作为文化艺术及娱乐产业的重要组成部分，具有广泛的影响力和潜在的发展力。

　　动漫游戏行业是非常具有潜力的朝阳产业，科技含量比较高，同时也是现在精神文明建设中一项重要的内容，在国内外都受到很高的重视。

　　进入 21 世纪，我国政府开始大力扶持动漫和游戏行业的发展，"动漫"这一含糊的俗称也成了流行术语。从 2004 年起至今，国家广电总局批准的国家级动画产业基地、教学基地、数字娱乐产业园已达 16 个；全国超过 300 所高等院校新开设了数字媒体、数字艺术设计、平面设计、工程环艺设计、影视动画、游戏程序开发、游戏美术设计、交互多媒体、新媒体艺术与设计和信息艺术设计等专业；2006 年，国家新闻出版总署批准了北京、成都、广州、上海 4 个"国家级游戏动漫产业发展基地"。根据《国家动漫游戏产业振兴计划》草案，今后我国还要建设一批国家级动漫游戏产业振兴基地和产业园区，孵化一批国际一流的民族动漫游戏企业；支持建设若干教育培训基地，培养、选拔和表彰民族动漫游戏产业紧缺人才；完善文化经济政策，引导激励优秀动漫和电子游戏产品的创作；建设若干国家数字艺术开放实验室，支持动漫游戏产业核心技术和通用技术的开发；支持发展外向型动漫游戏产业，争取在国际动漫游戏市场占有一席之地。

　　从深层次上讲，包括动漫游戏在内的数字娱乐产业的发展是一个文化继承和不断创新的过程。中华民族深厚的文化底蕴为中国发展数字娱乐及创意产业奠定了坚实的基础，并提供了广泛而丰富的题材。尽管如此，从整体看，中国动漫游戏及创意产业面临着诸如专业人才缺乏、融资渠道狭窄、缺乏原创开发能力等一系列问题。长期以来，美国、日本、韩国等国家的动漫游戏产品占据着中国原创市场。一个意味深长的现象是，美国、日本和韩国的一部分动漫和游戏作品取材于中国文化，加工于中国内地。

　　针对这种情况，目前各大专院校相继开设或即将开设动漫和游戏的相关专业。然而，真正与这些专业相配套的教材却很少。北京动漫游戏行业协会应各大院校的要求，在科学的市场调查的基础上，根据动漫和游戏企业的用人需要，针对高校的教育模式以及学生的学习特点，推出了这套动漫游戏系列教材。本套教材凝聚了国内外诸多知名动漫游戏人士的智慧。

本从书的特点为：

- 三符合：符合本专业教学大纲，符合市场上技术发展潮流，符合各高校新课程设置需要。
- 三结合：相关企业制作经验、教学实践和社会岗位职业标准紧密结合。
- 三联系：理论知识、对应项目流程和就业岗位技能紧密联系。
- 三适应：适应新的教学理念，适应学生现状水平，适应用人标准要求。
- 技术新颖、任务明确、步骤详细、实用性强，专为数字艺术紧缺人才量身定做。
- 基础知识与具体范例操作紧密结合，边讲边练，学习轻松，容易上手。
- 课程内容安排科学合理，辅助教学资源丰富，方便教学，重在原创和创新。
- 理论精练全面、任务明确具体、技能实操可行，即学即用。

动漫游戏系列丛书编委会

2009 年 10 月

前 言

  Flash CS4 是由 Adobe 公司推出的多媒体动画制作软件，具有矢量绘图、高超的压缩性能、优秀的交互功能等特点。目前其在制作二维计算机动画领域得到了广泛应用。利用Flash软件制作的动画片与二维传统手绘动画以及三维计算机动画相比，有着投资成本低、易于掌握等特点。

  本书是"动漫游戏系列丛书"中的一本。全书分为7章。第1章动画概述，介绍了动画的发展历史与现状，以及Flash动画与传统动画的区别；第2章Flash动画片的创作过程，介绍了要完成一部完整的Flash动画片所需要的具体创作过程；第3章Flash CS4 动画基础，讲解了Flash CS4软件的基本使用方法；第4章Flash CS4动画技巧演练，结合第3章的基础知识和《谁来救我》一集中的相关内容，理论联系实际，通过6个实例讲解了Flash的使用技巧在动画片中的具体应用；第5章运动规律讲解了表现常用运动规律；第6章运动规律技巧演练，结合第5章运动规律和《谁来救我》一集中的相关内容，理论联系实际，通过13个实例讲解了在Flash动画中表现运动规律的技巧；第7章《谁来救我》——《我要打鬼子》第7集动作动画完全解析，从具体的动画片入手，通过《谁来救我》一集动画片，全面讲解整个Flash动画片的制作流程。

  本书全面讲解了真正的Flash动画片的具体制作流程，大量章节都通过对第7集《谁来救我》中的相关实例的分析和具体制作技巧的讲解上，将《谁来救我》一集中的完整动画按照制作技巧分解为多个小实例进行详细讲解，比如火焰的燃烧效果、水花溅起的效果、速度线的表现等，从而大大方便了读者的学习。通过学习本书内容，读者能够快速掌握Flash动画片的制作技巧。

  本书使用的《我要打鬼子》的动画片由北京京艺伦动漫艺术培训中心、合肥三美艺术发展有限公司制作完成。本书内容丰富、结构清晰、实例典型、讲解详尽、富于启发性。

本书由赵巧、程海超、张凡等编著。参加本书编写工作的人员有：李佩伦、李羿丹、谭奇、李岭、程大鹏、郭开鹤、李建刚、宋兆锦、韩立凡、冯贞、孙立中、李营、王浩、刘翔、李波、肖立邦、许文开、关金国、于元青、王世旭、曲付、顾伟、田富源、郑志宇、宋毅、韩立凡等。

感谢您阅读本书，请将您的宝贵建议和意见发送至：jsjfw@mail. machineinfo.gov.cn。

编　著

2010 年 4 月

ONTENTS 目 录

第1章
动 画 概 述

本章重点

本章将介绍动画的发展历史与现状，以及 Flash 动画与传统动画的区别。通过本章的学习，应掌握以下内容：

- 动画的发展历史与现状
- Flash 动画与传统动画的比较和结合

1.1 动画的发展历史与现状

动画的历史最早可以追溯到石器时代，那个时代的画家就已经有了制作动画的思维和冲动。但是由于现实环境的限制，他们所能做的只能是凭借静态的图画呈现生命的跃动。在西班牙发现的远古洞穴中，就有八条腿的野猪壁画，每条腿的间隔代表一步或者一个动作，整体看来就像一幅完整动作的分解图，可以说这是人类最早的动画制作。

上面所说的动画"现象"，可以证明远古人类就有了追求动画的渴望。直到 19 世纪，动画艺术才真正开始发展。从 19 世纪至今，动画的发展情况可以分为以下五个阶段。

1. 动画播种时期（1831 — 1913 年）

1831 年动画的启蒙者法国人约瑟夫·安东尼·普拉特奥（Joseph Antoine Pateau）把画好的图片按照顺序放在一个大圆盘上，这个大圆盘由一部机器带动旋转。通过一个观察窗，可以看到圆盘上的图片。随着圆盘的旋转，观察窗中的图片内容似乎动了起来，这种新奇的感觉使当时的人们首次领略到活动画面的魅力。自此之后，很多人对动画艺术产生了浓厚的兴趣，并有志于将它发扬光大。

这个时期的动画作品，因为受到环境和设备的限制，动画中都是一些简单的动作，没有故事情节，也没有场景设计，更谈不上什么艺术价值。但是以当时的技术条件和时代背景来说，动画创作者们能够真正实现使静态图画产生活动效果，已经很了不起了。这些早期动画作品的制作方式虽然简单，画面构图也很单调，但却体现了早期动画的简易风格。

2. 动画成长时期（1913 — 1937 年）

早期的动画制作都是在纸上直接绘制人物的连续动作，如果需要背景，就直接在绘有人物的纸上绘画。也正是因为这样，当制作完成的动画片播放的时候，就出现了人物和背景同时跳动的现象。直到1913年以后，美国的制片家EarlHurd首创使用赛璐珞片（Celluloid）绘制动画。赛璐珞片是一种透明的醋酸纤维胶片，它的运用对于卡通动画的制作是个突破性的改革。赛璐珞片的特点是，可以同时重叠数张图片而不影响画面的色彩和动作，因此动画背景的绘制可以单独进行，并且可以根据角色的动作需要而加长或加大。拍摄时只要将绘画在赛璐珞片上的角色放在背景上就可以了。

赛璐珞片的运用，不但给动画制作节省了大量的时间和人力，还给画家提供了更大的发挥空间。随着年轻的艺术家相继加入到卡通动画制作的行列中，使动画制作成为最受年轻人喜爱的职业之一。

3．动画电影长片时期（1937—1960年）

20世纪30年代，沃特·迪斯尼（Wait Disney）电影制片厂生产的著名《米老鼠和唐老鸭》，标志着动画技术从幼稚走向了成熟。图1-1所示为《米老鼠和唐老鸭》中的部分画面。

图1-1　《米老鼠和唐老鸭》中的部分画面

1937年，沃特·迪斯尼将家喻户晓的童话故事《白雪公主》改编成动画电影，此片当时不仅在美国创造了票房佳绩，更轰动了世界影坛。《白雪公主》的诞生应验了动画这门艺术的真正价值，这部影片正是动画师长期探索的心血，使得动画真正成为具有叙事能力的影像艺术。影片内容原本只是一个长久流传的童话故事。在这以前，人们只能通过看书来品味这个动人的传说。而经过动画师们的创新，将这部著作以一种全新的视觉形式展现给观众。这是世界上第一部卡通动画电影长片，它标志着动画发展进入了动画电影长片时期。

迪斯尼在动画艺术上的成绩让世人有目共睹，但是它的作品局限于童话故事，从而限制了动画艺术创作的多样性。欧洲和亚洲的许多动画艺术家此时已开始运用新的思维、新的概念创作出不同于迪斯尼动画风格的作品。1941年，中国的万氏兄弟倾其全力完成了动画电影长片《铁扇公主》的创作。该片以具有强烈中国特色的水墨画为背景，将主要角色孙悟空、牛魔王、铁扇公主的性格、特色加以充分发挥。《铁扇公主》不仅在国内受到观众的充分肯定，在国际上也得到了很高的评价。1960年，日本漫画大师手冢治虫在为东映公司制作《西游记》时，还特意参考了该片的艺术风格。

4．动画实验创作时期（1960—1987年）

从1960年开始，电视得到了大规模的普及，动画连同电影市场一起受到了严重的冲击。另外，由于动画产业自身的诸多不利因素，如制作成本过高、制作周期过长、动画制作者的工资一再增长，再加上缺少能够吸引观众的新颖题材，很多专门从事动画创作的制片厂纷纷倒闭。动画家们又开始制作动画短片，以配合电视的播放。动画短片由于播放时间短、节奏快，更能体现动画家的创作风格，因此，各种各样的制作材料与创新思维纷纷出现，掀起了实验性动画短片的创作风潮。

5．计算机数码动画时代（1988年至今）

数字技术的出现，大大拓展了动画的表现范围，也显著地提高了生产效率，缩短了制作周期，节约了大量的劳动力和劳动时间，并且使动画的表现方式和传播方式更加多样化。

早在1913年，美国贝尔实验室就开始研究如何利用计算机来制作动画片，并且成功研发了二维动画制作系统。与此同时，Ed·Catmull开发了世界上第一套三维动画制作系统。数字艺术对动画艺术领域最大的贡献莫过于三维动画这种新型的动画形式。早期的三维动画并不是用于动画艺术创作，而是用于科学研究领域。经过数十年的研究发展，三维动画技术已经相当成熟，并且足以用来创作出优秀的动画作品。

从迪斯尼近几年的动画作品来看，《玩具总动员》、《虫虫特工队》、《怪物公司》、《海底总动员》和最近的《超人特工队》票房成绩远远要比同时期的二维动画作品好。图1-2～图1-6分别为这些动画片中的部分画面，可见观众对数字三维动画这种新颖的表现形式已经有了高度的认同感。针对这种情况，现在的传统手工动画片在制作中也开始大量使用数字技术，从而极大地提高了二维动画的表现能力。

图1-2 《玩具总动员》中的部分画面　　图1-3 《虫虫特工队》中的部分画面　　图1-4 《怪物公司》中的部分画面

图1-5 《海底总动员》中的部分画面　　图1-6 《超人特工队》中的部分画面

动画艺术的发展曾经沉寂了很长一段时间，到 20 世纪 90 年代才重新蓬勃复兴起来，这与数字技术的成功介入不无关系，可见未来动画艺术不断发展的关键还在于先进的技术和艺术的完美结合。

1.2   Flash 动画与传统动画的比较

1.2.1 Flash 动画的特点

Flash 作为一款多媒体动画制作软件，利用它制作的动画相对于传统动画来说，优势非常明显。Flash 动画具有以下特点：

1）矢量绘图。使用矢量图的最大特点在于无论放大还是缩小，画面永远都会保持清晰，不会出现类似位图的锯齿现象。

2）Flash 生成的文件体积小，适合在网络上进行传播和播放。一般几十 MB 的 Flash 源文件，输出后只有几 MB。

3）Flash 的图层管理使得操作简便、快捷。比如制作人的动画时，可将人的头部、身体、四肢放到不同的层上分别制作动画，这样可以有效地避免所有图形元件都放在同一层内，修改起来费时费力的问题。

1.2.2 传统动画的特点

传统动画从脚本、角色设定、背景、原画乃至后期的市场运作分工都很明确，因此可以制作出复杂的、高难度的动画效果，将想象到的最佳效果充分地表现出来。传统手绘动画具有以下特点：

1）传统动画的绘制主要分为原画和动画，要求绘制者有一定的美术基础，并懂得运动规律。

2）传统动画是集体工作，分工精确，有完整的制作流程。但因为工序多，需要的制作人员多，从而导致成本投入非常大。

3）传统动画有一套程序化的动画理论，有各种物体的运动规律、运动时间，可以帮助动画工作者轻松面对工作，这是 Flash 动画需要借鉴的地方。

4）传统动画不受任何条件限制，是以制作出满意的动画效果为目标，因此可以完成细腻丰富、风格多样、气势恢宏的动画作品。

1.3   Flash 动画与传统动画的结合

传统动画原理是一切动画的基础。结合了传统动画原理的 Flash 动画，物体运动表现得自然流畅，更增添了生活信息。同时利用 Flash 制作动画片会降低制作成本，减少人力、物力的消耗。同时，也会大大减少制作时间。因此，Flash 是个人动画制作者的首选软件。此外，各种 Flash 原创大赛，更推动了 Flash 动画的普及和发展。

利用 Flash 制作一部有声有色的动画片，仅仅需要一台普通的个人计算机即可。Flash 创作者在制作动画的过程中，既是编剧、导演，又是原画设计师、动画设计师……，一个人可以身兼数职，将自己的创作理念发挥到极至。

课 后 练 习

1．简述从 19 世纪至今，世界动画的发展情况。
2．简述 Flash 动画与传统手绘动画的特点。

第2章

Flash 动画片的创作过程

本章重点

创建一部完整的 Flash 动画片通常分为剧本编写、角色设计与定位、分镜头设计、背景设计、原画和动画几个部分。本章将具体讲解一部完整的 Flash 动画片的创作过程。通过本章的学习，应掌握以下内容：

- 剧本编写
- 角色设计与定位
- 分镜头设计
- 背景设计
- 原画和动画

2.1 剧本编写

在编写剧本之前，首先要确定所要编写的动画片的剧本类型。剧本的分类方法很多，通常情况下，根据动画的长短将其分为连续剧和单本剧；按故事发生的主要场地分为室内剧和室外剧；按题材分为言情剧、伦理剧、武侠剧、魔幻剧、校园剧、悬疑剧以及生活剧；按情绪分为喜剧和悲剧。作为 Flash 动画片，没有必要以某种特定的时空主题来划分剧本，通常是以最常见、最让观众喜爱的幽默剧、动作剧等进行分类。

在确定了剧本类型后，就要进行剧本编写了。要制作一部优秀的动画片，前提是要有一个好的剧本。目前很多 Flash 卡通动画制作者缺乏或不太重视剧本，只是通过独特的角色形象、亮丽的角色造型、唯美的画面或酷炫的视觉效果来吸引观众，但由于这样的作品缺乏灵魂，因此它是没有生命力的。相反，一个拥有精彩剧本的动画片，即使在制作方面表现得粗糙一些，观众也能比较宽容地接受，例如动画片《蜡笔小新》，虽然它的画面不是很唯美，但由于它的剧情非常幽默、诙谐，也深受大家的喜爱。

2.1.1 题材选取

Flash 剧本的题材可分为原创和改编两类。

1．原创

所谓原创就是自己编写。要创作出好的原创作品，要求创作者从生活入手，以独到的眼光洞察生活的种种本质问题，能深入分析事物的内在联系。在找到事物的本质后，再通过大胆的构思让这些内在的本质在形式上发生多种多样的变化。只有通过这种方式创作出的动画作品才会是一个有生命、有内涵的作品，才能被观众所接受。这也就是所谓的艺术来源于生活。

2．改编

改编也是剧本创作的来源之一。改编的选题范围比较广，它可以根据影视剧的情节改编，也可以根据小说、电影、相声、小品等其他文艺作品的内容进行改编。如赵本山和宋丹丹的小品《昨天·今天·明天》就被改编成了 Flash 动画，剧中形象与情节经创作者的改编和加工后，比真实小品更具喜剧效果。Flash 音乐动画《佐罗》也是根据电影《佐罗》改编成的，剧中的佐罗形象也被提炼成了卡通角色。

除此之外，最直接的来源就是现有的漫画作品。由于漫画作品本身就可以作为动画作品的原画，其中的角色形象、故事情节均已设定好，改编时只需考虑画面过渡，将静态的角色动作动态化即可。此外，根据优秀的漫画作品改编成动画片还具有易于推广、运营风险相对较低的特点。电影《头文字 D》就是漫画《头文字 D》改编而来的，作品中的角色形象比漫画中更加鲜活逼真。

从形式上来说，改编剧本一般有两种：一是使用原故事中的角色进行改编；二是不使用原有角色，只利用其原有故事情节进行改编。利用角色改编的 Flash 动画片有《三国演义》系列；利用故事情节改编的有《阿拉丁》、《花木兰》等。

2.1.2　剧本的写作方法

与其他文学作品不同，文字剧本的写作不仅要有文学性，更重要的是要给人以直观的时间和空间印象，这样才能在后期用镜头语言将剧本所描述的故事情节等表现出来。

动画剧本写作通常运用镜头语言的方式，用视觉特征强烈的文字，把各种时间、空间氛围用直观的视觉感受表现出来。这样的剧本能清晰地表达出文字剧本的各种意图，能大大减少工作量，并提高工作效率，是一种最实用且具有完全分镜功能的剧本创作方式。

2.1.3　剧本写作中应避免的问题

在剧本写作时，应避免以下 3 点：

1．避免将写剧本变为写小说

剧本写作和小说写作是完全不同的，写剧本的目的是要用文字表达一连串的画面，让看剧本的人见到文字就能够联想到一幅画面，并将它们放到动画的世界里。小说则不同，它除了写出画面外，还包括抒情、修饰手法以及角色内心世界的描述等。

2．避免用说话的方式交代剧情

剧本里不宜有太多的对话（除非是剧情的需要），否则整个故事会变得不连贯，缺乏动作，观众看起来就像读剧本一样。剧本是电影语言，而不是文学语言。只适合于读而不适合看的便不是好剧本。所以，一部优秀的电影剧本，对白越少，画面感就越强，冲击力就越大。比如，动画片中一个人在打电话，最好不要让他坐在电话旁不动，只顾说话。而应让他站起，或拿着电话走几步，从而避免画面的呆板和单调。

3．避免剧本有太多枝节

如果一个剧本写了太多的枝节，在枝节中又有很多角色，穿插了很多场景，会使故事变得相当复杂，观众可能会越看越糊涂，不清楚作者到底想表达什么样的主题。因此，剧本应避免有太多枝节，越简单越好。

2.2　角色设计与定位

Flash 动画中的角色和所有影视、动画中的角色本质上是没有任何区别的，都是影片中用于推动剧情发展的具有各种性格特征和人格魅力的角色。

角色造型设计是动画片制作过程中的一个非常主要的环节，一部动画片给我们留下非常深刻印象的往往是片中生动而幽默的角色造型形象，我们想到某一部片子时，往往也是首先想到某一个具体的角色造型形象，然后才联想起某一个具体的故事情节。很多影片也恰恰是以故事情节中的主要角色的名字命名。由此看来，一个生动而幽默的角色造型对整个片子来说是多么的重要。动画造型设计直接关系到动画片的艺术风格取向、制作质量的好坏和制作成本的高低。

一部动画片属于哪种风格类型，从动画片造型的设定上就可以得到非常明确的答案，而制作质量的好坏和制作成本的高低，也与动画片造型设计紧密相关。动画片造型的细节设定若过于烦琐，线条过多，制作起来对原动画的技术要求也会更高，花费的时间也会更长，这样制作的成本也会随着技术难度的增加和制作时间的延长而提高。从整部片子制作的角度来看，造型也应该在整个片子风格和定位的基础上，尽可能地概括、归纳，简化角色的造型和难度，以方便制作。所以动画造型设计一方面要考虑造型的角色生动而富于艺术表现力，另一方面还要考虑到制作过程中的一些制约因素。

在角色设计时，主要要考虑角色的性格特征、形体特征、全身比例与结构、服饰等。

1．认识性格特征

动画片中的人物角色都是根据剧情的需要来设计的。因此在设计角色时一定要紧密结合剧情。下面是 Flash 卡通动画片中的几个主要角色的描述。

逗豆（主人公）：本片主人公。机智勇敢，生性好动，擅长射击（弓箭、弹弓），百发百中。经常与他的动物朋友们以策略和自制工具等方式同鬼子兵进行周旋。一日本小分队被其搞得晕头转向、狼狈不堪，并使得抢粮扫荡屡次落空……

猪猪：被逗豆收养的一条流浪狗，通人性。因为长得像猪，所以就叫它"猪猪"。忠诚、勇敢、灵活、聪明，富有行动力，在关键时刻能给逗豆出主意，并能帮逗豆完成各项任务……

坂田小队长（胖日本兵）：驻逗豆村里鬼子兵的小头目，做事强硬，为人阴险，贪吃爱财好色，缺乏足够的判断力和执行力，下达的命令往往不能得到很好的执行……

中岛（钢盔兵）：鬼子兵。做事鲁莽，缺乏思想，不善思考，爱占小便宜，贪吃贪睡……

高桥（瘦日本兵）：鬼子兵。看上去很精明，其实为人愚钝。做事犹豫，缺乏执行力，最擅长的是对坂田小队长献媚。经常和小队长进村抢粮扫荡，被逗豆和他的动物朋友们捉弄……

李大叔：逗豆的邻居。爱抽烟，为人忠厚老实，在危急关头总是帮助逗豆出很多主意，最终战胜鬼子……

图2-1所示为Flash卡通动画片《我要打鬼子》中根据剧情设计出的几个主要角色形象。

图2-1 动画片《我要打鬼子》角色的形体特征

2．认识形体特征

熟悉角色造型，首先应该对形象有一个整体的概念，也就是要抓住造型的基本特征。例如，每个角色的形体外貌都会有高、矮、胖、瘦等差别。除此之外，由于角色职业、性别、爱好的不同，还可以找到形象的各自特点。

3．掌握全身比例与结构

全身的比例一般以头部作为衡量的标准，即身体的长度由几个头长组成。身体的宽度是大于头宽还是小于头宽。腰部在第几个头长的位置，手臂下垂到大腿的何处等。这样一步步对照，全身的比例就基本清楚了。然后，可以借助几何图形（球形、椭圆形和各种块状形等）勾画出角色形体的结构框架，如图2-2所示。

(a)　　　　　　　(b)　　　　　　　(c)　　　　　　　(d)

图2-2 动画片中各类主角造型比例图

(a)《烽火童年》中的汉奸由　　(b)《天书奇谭》中的　　(c)《烽火童年》中的鬼子　　(d)《我要打鬼子》中的逗豆
　　4个半头的长度组成　　　　蛋生由3个半头长组成　　由5个半头的长度组成　　　　由2个头长组成

在Flash中绘制人物转动的动画时，可以绘制一些辅助线帮助确定身体各部分的比例。最佳的方法是，先绘制一个角色的正面、侧面和背面造型，然后为这两个造型加入45°的中间画。这样可以既快速又准确地绘制出转动的动画。图 2-3 所示为 Flash 动画片《我要打鬼子》中几个重要角色形象的转面图。

逗豆形象的转面图

猪猪形象的转面图

坂田形象的转面图

中岛形象的转面图

高桥形象的转面图

图 2-3　Flash 动画片《我要打鬼子》中几个重要角色形象的转面图

李大叔形象的转面图

图 2-3　Flash 动画片《我要打鬼子》中几个重要角色形象的转面图（续）

4.角色服饰

一部动画片必须保证内容的完整性和角色形象的统一性。要根据故事情节确定角色的性格特征，然后再根据角色的性格特征构思角色的服饰特点。比如蓝紫色服饰可以用来表现角色冷静、沉着、不张扬的性格，而红色服饰可以用来表现角色外向、热情和容易冲动的性格。

2.3　场景设计

场景设计又叫背景设计，其在动画片中起着重要作用，因为观众最终看到的是角色加背景的整体画面效果。场景设计的功能之一是要清楚地交代故事发生的特定地点、环境与道具等，并为情节与角色表演营造出恰当的气氛。

动画的造型风格与场景造型风格是一种对应关系，分为夸张和写实两种主要类型。动画场景是因动画而存在的，与动画造型设计出自统一的美学构思之中，两者是共生的产物，构成和谐的整体。因此，场景的造型风格与角色的造型风格存在必然的因果关系。动画的场景设计大多仍采用人工描绘的手段。这并不完全是因为制作技术的制约，而是由于这些经设计者亲手绘制的画面包含着人的智慧和情感，它所传达出的是不可重复的、独特的艺术美和人性美，与实拍景物形成完全不同的视觉心理感受，这也是动画的艺术魅力之一。

场景设计要将观众自然而然地带进屏幕或荧幕里，让观众有身临其境的心理感受。它不是单纯的填补除角色以外的画面空白，也不是简单地丰富画面。在进行场景设计时，必须将动画片整体的美术风格和气氛考虑进去，不能为了场景而设计场景，这样的场景是孤立的，没有生命力的。图 2-4 所示为 Flash 动画片《我要打鬼子》中几个场景设计的画面效果。

图 2-4　Flash 动画片《我要打鬼子》中场景设计的画面效果

图 2-4　Flash 动画片《我要打鬼子》中场景设计的画面效果（续）

图 2-4　Flash 动画片《我要打鬼子》中场景设计的画面效果（续）

2.4　分镜头设计

在编写剧本、角色设定和场景设定之后，接下来创作者必须根据这些元素绘制出动画的分镜头台本。分镜头台本是动画的创作蓝本，从这个意义上讲，分镜头台本与 Flash 剧本的联系最为紧密。分镜头反映的是未来动画的整体构思和设计，同时也是创作与制作过程的工作准则和合作基础。好的分镜头台本能把用文字叙述的各种精彩剧情描绘成生动、令人陶醉的动画场面。这种动画场面不仅保留着文字剧本的精神内涵，同时也能扩展剧本的戏剧张力。出色的分镜头台本能为以后的制作环节节约大量的时间与成本。

分镜头台本包括镜头画面内容和文字描述两种形式。画面内容包括故事情景、角色动作提示、镜头动作提示以及镜像结构层次、空间布局以及明暗对比等，工作非常细微、复杂；文字描述则包括动作描述、相应的时间设定、对白、音效、景别、镜头变化以及场景转换方式等元素，涵盖动画中所有的视听效果。

2.4.1　分镜头的设计方法

　　一个合格的Flash动画创作者，首先应该学会如何使用画面以及场景变化来讲述剧本描述的故事。创作者应该对动画中所涉及的角色以及其表演的各个场景做到胸有成竹，知道以怎样的角度来构建镜头画面，使其具有强烈的视觉表现力。创作者在构思这些画面情节的时候，需要考虑诸如故事逻辑、视觉逻辑、声音逻辑以及动作逻辑等一系列问题。只有对角色以及故事发生的环境作充分的考虑之后，才能对整个动画的画面分布做出充分合理的设计。图2-5所示为Flash动画片《我要打鬼子》中的一组连续的分镜头。

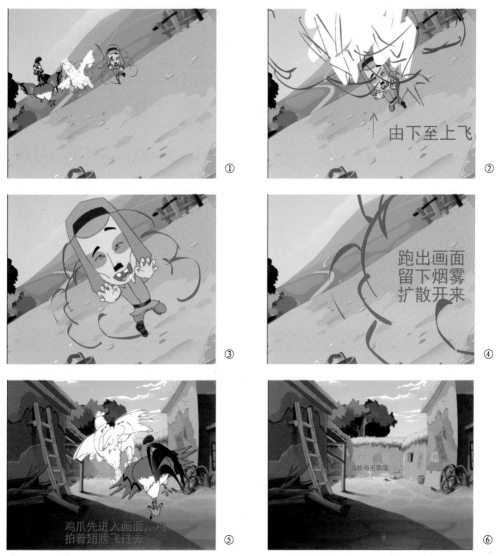

图2-5　　动画片《我要打鬼子》中的一组分镜头画面

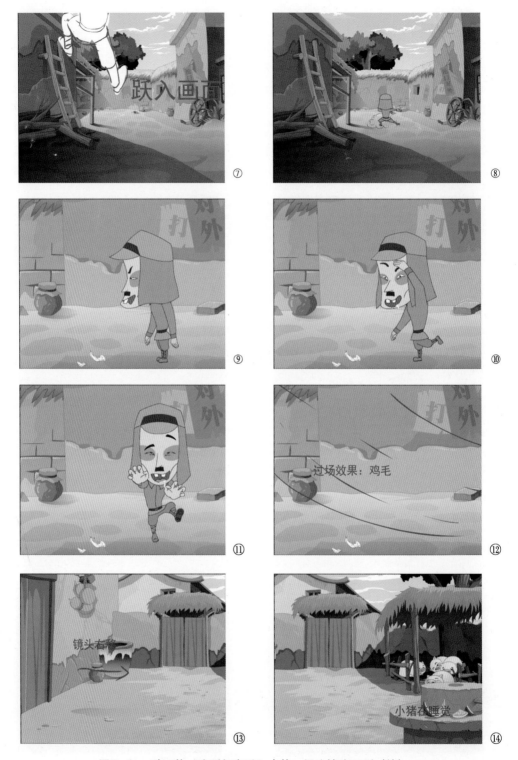

图2-5 动画片《我要打鬼子》中的一组分镜头画面（续）

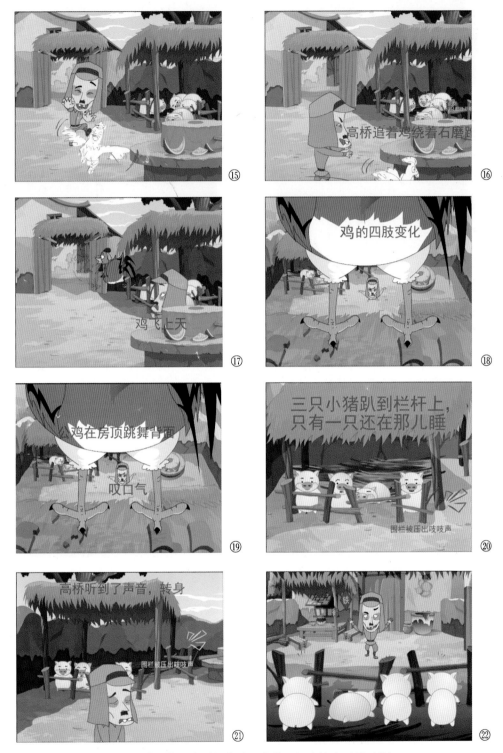

图2-5　动画片《我要打鬼子》中的一组分镜头画面（续）

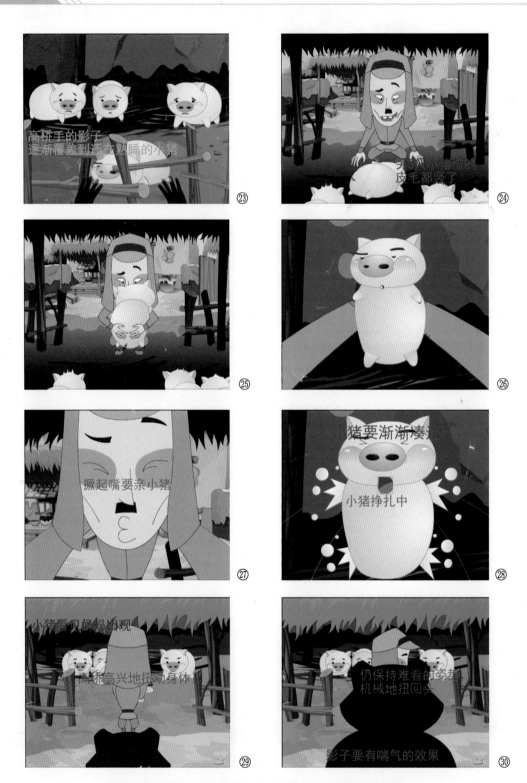

图 2-5　动画片《我要打鬼子》中的一组分镜头画面（续）

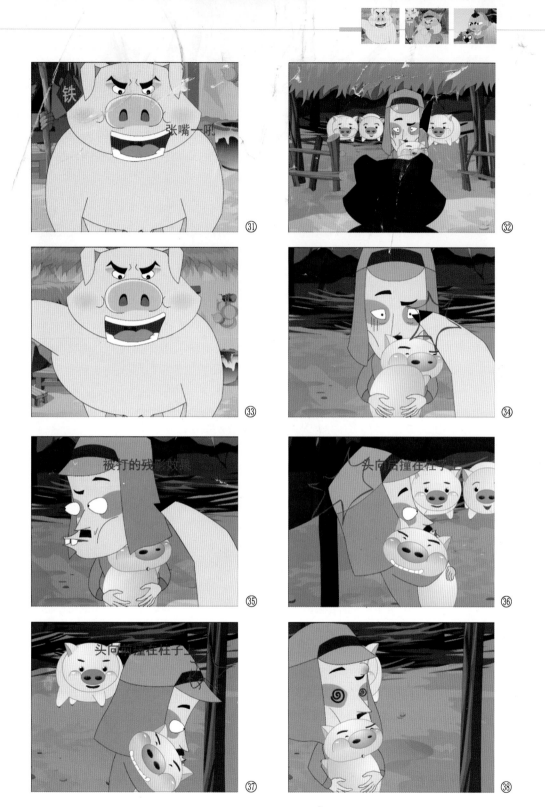

图 2-5   动画片《我要打鬼子》中的一组分镜头画面（续）

2.4.2 Flash 动画基本的镜头位置

对于 Flash 动画创作者来讲，要处理好镜头的各种表现效果，就必须了解镜头的拍摄位置。这是处理好镜头表现效果的基础条件。

在 Flash 动画中，一般有鸟瞰、俯视、平视、仰视以及倾斜镜头五种镜头位置。

1. 鸟瞰

鸟瞰，意思是像飞鸟一样在空中俯视，图 2－6 所示为《我要打鬼子》中的鸟瞰画面。由于鸟瞰镜头是全局性的视角，因此在视觉范围内所涉及的对象数量众多，无法对每一个个体的细节进行详细的描述，所以在动画中如果要表现壮观的对象数量，就可以用这种镜头来表现。

2. 俯视

相对于鸟瞰镜头来说，俯视镜头是指人的视觉在正常的状态下从上往下看的镜头，图 2－7 所示为《我要打鬼子》中的俯视画面。由于俯视镜头带有强烈的心理优势特征，因此它也不是一种很能表现客观事物的方式。在 Flash 动画创作中，俯视镜头通常用来表现上司看下属、大人看身边的小孩或宠物以及弱小对手等。

图 2-6 《我要打鬼子》中的鸟瞰画面

图 2-7 《我要打鬼子》中的俯视画面

3. 平视

与俯视镜头相比，平视镜头显得比较客观，它减少了由于主观意识所产生的主观视角心理优势感。视觉范围内的角色对象摆脱了背景的控制，处在和观众同等的心理位置上。平视镜头增强了视觉范围内角色对象的力量感，使得主观心理无法轻视或同情视觉中的角色对象，在主观心理上已认为视野中的角色对象有足够的自主能力。

在 Flash 卡通动画中，平视通常用来表现平等的谈判双方、情侣等，体现的是一种平等关系，如图 2－8 所示。

4. 仰视

仰视镜头是指以低处作为视觉出发点，向上看的视觉镜头。这种镜头能使观众对角色对象产生一种恐惧、庄严、强大或尊敬的心理感受，它能使矮小的角色形象瞬间变得高大起来。

在 Flash 动画中，仰视镜头一般用来表现宗教建筑物中的神像、现实生活中的领导者、具有很强能量的人物或怪物等，如图 2-9 所示。

图 2-8 《我要打鬼子》中的平视画面

图 2-9 《我要打鬼子》中的仰视画面

5. 倾斜镜头

倾斜镜头画面一般都是歪的，这种镜头具有相当强的主观意向，用来表现迷乱或迷茫。在 Flash 动画中，倾斜镜头多用于表现反面角色及其所处的建筑环境，如图 2-10 所示。

图 2-10 《我要打鬼子》中的倾斜镜头画面

2.4.3 Flash 动画常用的运动镜头

要制作出优秀的 Flash 动画作品，除了掌握 Flash 基本的镜头位置外，还要对 Flash 动画常用的运动镜头有一个了解。Flash 动画与电影电视一样，都是通过镜头的运动来获得灵活的视觉感受。Flash 动画常用的运动镜头分为推、拉、摇、移、升/降五种运动类型。

1. 推镜头

推镜头又称为伸镜头，是指摄像机朝视觉目标纵向推进的拍摄动作。推镜头能使观众压力增强，镜头从远处往近处推的过程是一个力量积蓄的过程。随着镜头的不断推进，这种力量感会越来越强，视觉冲击也越来越强。图 2-11 所示为推镜头的画面效果。

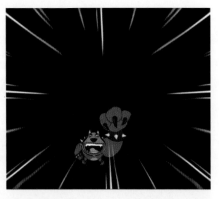

图 2-11 快速推镜头的画面

2．拉镜头

拉镜头又称为缩镜头，是指摄像机从近到远纵向拉动，视觉效果是从近到远，画面范围是从小到大。

拉镜头通常用来表现主角正要离开当前场景。拉镜头与人步行后退的感觉很相似，因此拉镜头带有强烈的离开意识。图 2-12 所示为拉镜头的效果。拉镜头也有快慢之分，快速的拉镜头能使观众很明显地感受到速度的变化，力量感由于被这种快速拉动所影响，因而变得具有一定的弹性。

图 2-12 拉镜头的效果

3．摇镜头

摇镜头是指摄像机机身位置不动，镜头从场景中的一个方向移动到另一个方向，它可以是从左往右摇，或者从右往左摇，也可以是从上往下摇，或者从下往上摇。

左右摇动镜头为横向镜头，能给人一种正在观察或探索的感觉。快速地横向摇动可以表现出明确的目的性。速度较慢的横移则显得比较小心，带给观众一种危机感或压抑感。横向镜头一般用来表现部队长官巡视部队阵列、演讲者视线扫描听众、搜索目标或警察办案搜寻犯罪现场等。图 2-13 所示为从左往右摇镜头的效果。而上下摇动镜头通常用于表现对人的穿着打扮的观察以及对建筑物或物品外观的观察。

图 2-13　左右摇镜头的画面

4．移镜头

在电影拍摄中，移镜头是用推轨的方式实现的。Flash 动画中的移镜头就是模仿人向前移动，同时头扭向一边观察事物这个动作。移镜头是运动中的平视镜头，快速移镜头在善意的环境下可以产生欢快的效果，在恶意的环境下可以产生急促无奈和被动的效果。

在 Flash 动画中表现横移镜头时，可以先制作一幅宽度大于舞台的场景图，然后左右移动场景图即可。图 2-14 所示为移镜头的效果。

图 2-14　移镜头的画面

5．升 / 降镜头

升 / 降镜头是指在镜头固定的情况下，摄像机本身进行垂直位移。相对于其他镜头来说，升 / 降镜头显得呆板、被动和机械化，带有旁观者的特性。在运用这种镜头时，一般需要与其他表演元素结合使用才能显示出画面的活力。升 / 降镜头一般和上下的直摇镜头相配合，才能对观众产生丰富的心理暗示。

在 Flash 中，要表现出升 / 降镜头的效果，跟上面的移镜头一样，可以先制作一幅宽度大于舞台的场景图，然后上下移动场景图即可。图 2-15 所示为升镜头的效果；图 2-16 所示为降镜头的效果。

在动画片的具体制作过程中，通常是几个镜头连续使用。比如，在推镜头后，紧接着就是下移镜头。

图 2-15　升镜头的画面

图 2-16　降镜头的画面

2.4.4　Flash 动画常用的景别

景别是镜头设计中的一个重要概念，是指角色对象和画面在屏幕框架结构中所呈现出的大小和范围。不同的景别可以引起观众不同的心理反应。

1．远景

远景一般用于表现广阔空间或开阔场面的画面。如果以成年人为尺度，人在画面中所占面积很小，基本上呈现为一个点状体。图 2-17 所示为远景画面。

图 2-17　Flash 动画《邮差》中的远景画面

2．全景

全景是指用于表现人物全身形象或某一具体场景全貌的画面。全景画面通过特定环境和特定场景能够完整地表现人物的形体动作，可以通过对人物形体动作来反映人物内心情感和心理状态，环境对人物有说明、解释、烘托和陪衬的作用。图 2-18 所示为表现人物的全景画面。

全景画面还具有某种"定位"作用，即确定被拍摄对象在实际空间中方位的作用。例如，拍摄一个湖边，加入一个所有景物均在画面中的全景镜头，可以使所有景物收于镜头之中，使它们之间的空间关系和具体方位一目了然。图2-19所示为表现环境的全景画面。

图2-18　表现人物的全景画面　　　　图2-19　表现环境的全景画面

在拍摄全景时，要注意各元素之间的调配关系，以防喧宾夺主。拍摄全景时，不仅要注意空间深度的表达和主体轮廓线条、形状的特征化反映，还应着重于环境的渲染和烘托。

3．中景

中景是主体大部分出现的画面，从人物角度来讲，中景是表现成年人膝盖以上部分或场景局部的画面，能使观众看清人物半身的形体动作和情绪交流。图2-20所示为中景画面。

图2-20　中景画面

4．近景

近景用于表现成年人胸部以上部分或物体局部的画面，它的内容更加集中到主体，画面包括的空间范围极其有限，主体所处的环境空间几乎被排除出画面。图2-21所示为近景画面。

图2-21　近景画面

5．特写

特写是指镜头只拍摄角色或物体的局部，比如人的脸、嘴、手等，特写能把拍摄对象细节看得非常清楚。图 2－22 所示为特写画面。

图 2－22　特写画面

特写镜头一般用于表现角色的表情变化或单个物体的外观特征，在特写镜头中，观众的注意力全都汇集在被拍摄物体身上。特写镜头具有强烈的主观意识，会夸大被拍摄物体的重要性。

2.5　动画与原画

动画是由一张张"原画"和"动画中间画"组成的。动画创作中所有的思想都将在这一阶段得以完全体现。

2.5.1　原画

原画，是动画片中每个角色动作的主要创作者。原画设计师的主要职责和任务是按照剧情发展和导演的意图完成动画镜头中所有角色的动作设计，画出一张张不同动作和表情的关键动态画面。

在传统动画片的制作过程中，原画制作的工作是在脚本和设计稿的基础上，结合导演对该片角色的表述而进行的角色动作绘制。

在 Flash 中，原画设计可以理解为关键帧动作的绘制，如图 2－23 所示。一张张静止的关键帧画面组成了动画的基础，原画设计的质量直接影响到成片的质量。

图 2－23　原画画面

2.5.2 动画

"原画"的工序后就是"动画"的工序，即"中间画"。它是在原画中添加动作过程，使之连贯，进而形成连续播放的动画。动画相对于原画来说比较简单，是初学动画者入门时首先接触到的。

在传统动画中，动画（中间画）制作的工作是通过透光台来完成的，所用纸张都有一定的规格，并且在每一张动画纸上都打有 3 个统一的洞眼（定位孔）。绘制时必须将动画纸套在特制的定位尺上方可进行工作，如图 2-24 所示。比如，在"原画 1"与"原画 5"之间要添加 3 张中间画，就将"原画 1"与"原画 5"两张动画纸套在"定位尺"上，然后在中间绘制"中间画 3"，这个中间画就是"一动画"。接着在画好"中间画 3"后，再将"原画 1"和"中间画 3"两张动画纸套在定位尺上，画出"中间画 2"。同理，再将"原画 5"和"中间画 3"两张动画纸套在定位尺上，画出"中间画 4"。"中间画 2"和"中间画 4"是"二动画"。这样 3 张中间画就完成了。

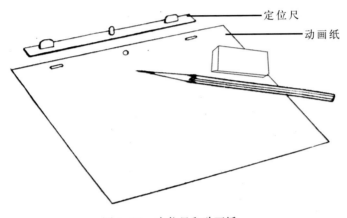

定位尺
动画纸

图 2-24　定位尺和动画纸

在 Flash 中，"绘制纸外观"功能相当于传统动画中的透光台，设计者可以通过它方便地看到帧前与帧后的画面，如图 2-25 所示。

此外。Flash 动画与传统的动画制作技法不同，如果要在 Flash 中制作简单的位置、形状、颜色、不透明度的动画，只需要在两个关键帧中分别定义对象的不同位置、形状、颜色、不透明度等要素，然后使用 Flash 中的补间命令，Flash 就会自动生成这两个关键帧中动画的过渡，这样就减少了绘制中间画的环节，从而大大提高了动画制作效率。例如，我们需要制作一个由小猫变为小狗的动画，只需要在两个关键帧中分别绘制出猫和狗的图形，然后在两个关键帧之间创建补间形状，Flash 就会自动生成由猫变为狗的动画。

由于 Flash 的原画和动画经常由一个人来完成，为了对整个动作有一个完整的构思，在绘制动画前设计者通常先进行原画绘制，做到心中有数，然后再利用"绘制纸外观"功能来绘制中间画。

第 2 章　Flash 动画片的创作过程

图 2-25　中间画效果

课 后 练 习

一、填空题

1. Flash 剧本题材可分为_____和_____两类。

2. 在Flash动画中,包括_____、_____、_____、_____以及_____5种基本镜头位置。

二、选择题

1. 下列（　　）属于Flash动画常用的镜头景别。

A. 近景　　　　　B. 远景　　　　　　C. 特写　　　　　　D. 遮罩

2. 下列（　　）属于Flash动画常用的运动镜头。

A. 推　　　　　　B. 拉　　　　　　　C. 摇　　　　　　　D. 移

E. 升/降

三、问答题

1. 简述在剧本写作中应避免的问题。

2. 简述原画与动画的关系。

第**3**章

Flash CS4 动画基础

本章重点

目前，Flash 动画在诸多领域得到了广泛应用，不仅可以制作 Flash 站点、Flash 广告、手机 Flash、Flash 游戏，而且可以制作 Flash 动画片。本章将具体讲解 Flash CS4 软件的基本使用方法。通过本章的学习，应掌握以下内容：

- Flash CS4 的界面构成
- 利用 Flash 绘制图形
- 元件的创建与编辑
- 时间轴、图层和帧的使用
- 图像、视频和声音的使用
- 创建动画的方法
- 文本的使用
- 发布 Flash 动画的方法

3.1 Flash CS4 的界面构成

启动 Flash CS4，系统弹出如图 3-1 所示的启动界面。

图 3-1 Flash CS4 的启动界面

启动界面中部的主体部分列出了一些常用任务。其中，左栏显示了最近使用过的项目；中间栏是创建各种类型的新项目；右栏是从模板中创建各种动画文件。

单击左栏下方的 📂 打开... 按钮，打开一个已有文件，即可进入该文件的工作界面，如图3-2所示。

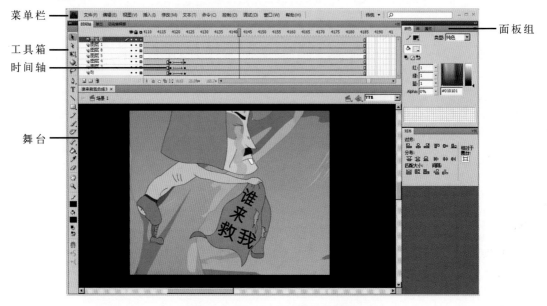

图3-2　Flash CS4的工作界面

Flash　CS4的工作界面可分为菜单栏、工具箱、时间轴、舞台、面板组等部分。下面进行具体讲解。

1．菜单栏

菜单栏包括"文件"、"编辑"、"视图"、"插入"、"修改"、"文本"、"命令"、"控制"、"调试"、"窗口"和"帮助"共11个菜单。单击任意一个菜单都会弹出相应的子菜单。

2．时间轴

时间轴用于组织和控制影片内容在一定时间内播放的层数和帧数，如图3-3所示。具体使用方法参见3.4节内容。

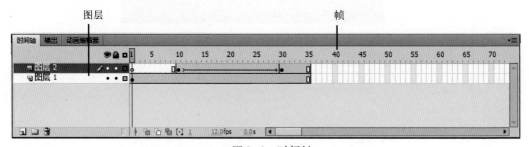

图3-3　时间轴

3．工具箱

工具箱中包含了多种常用的绘制图形工具和辅助工具。它们的使用方法参见 3.2 节内容。这里需要说明的是，单击工具箱顶端的 ◄◄ 图标（见图 3-4）可将工具箱变成图标 ✕，如图 3-5 所示。此时单击 ►► 图标，可重新显示出相关工具按钮。

4．舞台

舞台又叫做工作区，是 Flash 工作界面上最大的区域。这里可以摆放一些图片、文字、按钮、动画等。

5．面板组

面板组位于工作界面的右侧。利用面板组可以为动画添加非常丰富的特殊效果。Flash CS4 中的面板以方便的、自动调节的停靠方式进行排列。单击顶端的 ►► 图标，可以将面板缩小为图标，如图 3-6 所示。在这种情况下，单击相应的图标，会显示出相关的面板，如图 3-7 所示。这样可以简化软件界面，同时保持必备工具可以被访问。

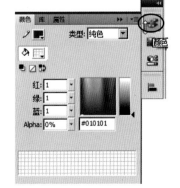

图 3-4　工具箱　　图 3-5　工具箱变成图标 ✕　　图 3-6　面板图标　　图 3-7　显示相关面板

3.2 利用 Flash 绘制图形

Flash 之所以能够大放异彩，很大程度上是因为使用其制作出来的文件非常小，适合在受带宽限制的 Internet 中播放。而 Flash 制作出来的文件之所以能够比其他多媒体软件制作出来的文件小很多，是因为 Flash 中绘制的图形是以矢量图形式出现的。

3.2.1 位图和矢量图

矢量图和位图是计算机中最重要的两种图像格式。简单来讲，两者的区别在于：矢量图可以被无限放大，而不会出现模糊和锯齿现象，如图 3-8 所示；而位图在被放大后，会出现模糊和锯齿现象，如果再进一步放大，则会显示出一个个小方块，这些小方块即是组成位图图像的像素，如图 3-9 所示。矢量图中的信息由数字函数记录，而位图图像则由像素点组成。用 Flash 绘制的图形为矢量图，这种图像除去文件体积上的优势外，还有一个优点就是易于修改。

图 3-8   矢量图放大前后的比较

图 3-9   位图放大前后的比较

3.2.2 Flash 图形的绘制

Flash 图形的绘制大致可以分为两类，一类是绘制图形的工具，如线条工具、铅笔工具、刷子工具、钢笔工具、矩形工具和椭圆工具等；另一类是对图形进行修改的工具，如用来更改图形形状的 ▦（任意变形工具）和 ▶（选择工具），用来更改图形颜色的 ◓（颜料桶工具）和用来调整填充颜色的 ▨（填充变形工具）等。

下面讲解这些工具的使用方法和技巧，为以后制作各种类型的动画奠定基础。

1．绘制图形的工具

（1）线条工具

线条是最简单的几何图形之一，利用Flash工具箱中的（线条工具）可以很容易地绘制出直线。具体操作步骤如下：

1）选择工具箱中的（线条工具）。

2）移动鼠标到舞台上，鼠标变为"＋"形状，然后按住鼠标并拖动。

3）绘制完成后，松开鼠标，线条就绘制好了，如图3－10所示。

如果要对绘制的线条进行修改，可以选中线条，在如图3－11所示的"属性"面板中进行修改。具体操作步骤如下：

1）调整线条的颜色，单击按钮，在弹出的如图3－12所示的调色板中进行调整。

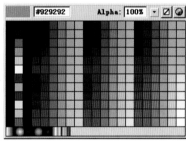

图3－10 绘制线条　　图3－11 线条的"属性"面板　　图3－12 调色板

2）调整线条的笔触样式，单击"样式"下拉按钮，从弹出的下拉列表框中选择相应的笔触样式，如图3－13所示。如果要进行自定义设置，可以单击"样式"下拉列表框右侧的（编辑笔触样式）按钮，在弹出的"笔触样式"对话框中进行设置，如图3－14所示。

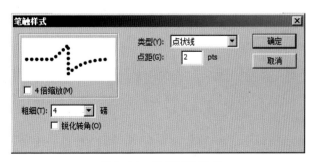

图3－13 选择相应的笔触样式　　图3－14 设置笔触样式

33

（2）铅笔工具 ✎

利用 ✎（铅笔工具）可以绘制出线条和几何图形的轮廓，就像用真的铅笔绘制图形一样，运用自如，"铅笔"的颜色、粗细、样式定义和 ＼（线条工具）一样，这里不再具体讲解。

利用 ✎（铅笔工具）绘制出的线条平滑程度取决于所选择的绘图模式。选择工具箱中的 ✎（铅笔工具），然后在工具箱下方单击"选项"栏中的 ┕（伸直）按钮，在弹出的菜单中有 ┕（伸直）、┕（平滑）和 ┕（墨水）3 种模式可供选择，如图 3-15 所示。

图 3-15　铅笔工具的模式

- ┕（伸直）模式：利用该模式绘制的线条会自动拉直，在绘制封闭图形时，会模拟成三角形、矩形、圆、椭圆及正方形等规则的几何图形。
- ┕（平滑）模式：利用该模式绘制的线条会自动光滑化，使线条转换成平滑的曲线。
- ┕（墨水）模式：利用该模式绘制的线条会完全保持鼠标轨迹的形状，比较接近于原始的手绘图形。

（3）刷子工具 ✐

利用 ✐（刷子工具）可以随意地绘制出刷子般的笔触、各种色块，就好像在涂色一样。利用它可以模拟出书法效果。

选择工具箱中的 ✐（刷子工具），工具箱下方会显示出它的"选项"栏，如图 3-16 所示。然后单击"选项"栏中的 ◒（标准绘画）按钮，在弹出的菜单中有 ◒（标准绘画）、◒（颜料填充）、◒（后面绘画）、◒（颜料选择）和 ◒（内部绘画）5 种模式可供选择，如图 3-17 所示。

1）◒（标准绘画）模式。利用 ✐（刷子工具）的 ◒（标准绘画）模式进行绘制的具体操作步骤如下：单击"颜色"面板中的 ◇■（填充色）按钮，从弹出的调色板中选择黑色，然后选择 ◒（标准绘画）后移动笔刷到图形上，按下鼠标并拖动，可以看到不管是线条还是填色范围，只要是画笔经过的地方，都变成了画笔所选的颜色，如图 3-18 所示。

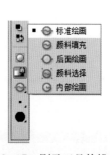

图 3-16　刷子工具选项栏　　图 3-17　刷子工具的模式　　图 3-18　◒（标准绘画）模式的效果

2）◒（颜料填充）模式。利用 ✐（刷子工具）的 ◒（颜料填充）模式进行绘制的具体操作步骤如下：按【Ctrl+Z】组合键取消刚绘制的笔刷效果。然后单击"颜色"面板中的 ◇■（填充色）按钮，从弹出的调色板中选择黑色。接着选择 ◒（颜料填充）模式后移动笔刷到图形上，按下鼠标并拖动，可以看到笔刷只影响了添色的内容，不会遮盖住线条，如图 3-19 所示。

3）（后面绘画）模式。利用📝（刷子工具）的 （后面绘画）模式进行绘制的具体操作步骤如下：按【Ctrl+Z】组合键取消刚绘制的笔刷效果。然后单击"颜色"面板中的 ☑◼️（填充色）按钮，从弹出的调色板中选择黑色。接着选择 （后面绘画）模式后移动笔刷到图形上，按下鼠标并拖动，可以看到无论怎样绘制，笔刷都在图像的后方，不会影响前景图像，如图3-20所示。

图3-19 ◉（颜料填充）模式的效果　　　　图3-20 ◉（后面绘制）模式的效果

4）（颜料选择）模式。利用📝（刷子工具）的 （颜料选择）模式进行绘制的具体操作步骤如下：按【Ctrl+Z】组合键取消刚绘制的笔刷效果。然后单击"颜色"面板中的 ☑◼️（填充色）按钮，从弹出的调色板中选择黑色。接着选择 （颜料选择）模式后利用▶️（选择工具）选择星形填充区域，按下鼠标并拖动，可以看到被选区域内出现了一条黑色轨迹，如图3-21所示。

➕ **提示**

如果没有选择区域进行涂抹，图形不会起任何变化。

5）◉（内部绘画）。利用📝（刷子工具）的 ◉（内部绘画）模式进行绘制的具体操作步骤如下：按【Ctrl+Z】组合键取消刚绘制的笔刷效果。然后单击"颜色"面板中的 ☑◼️（填充色）按钮，从弹出的调色板中选择黑色。接着选择 ◉（内部绘画）模式后在图形上进行绘制。绘制时，笔刷的起点要在轮廓线以内，笔刷的范围也只作用在轮廓线以内，如图3-22所示。

图3-21 ◉（颜料选择）模式的效果　　　　图3-22 ◉（内部绘画）模式的效果

（4）钢笔工具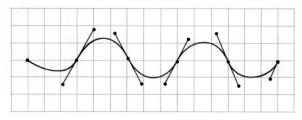

利用 █（钢笔工具）可以绘制出直线和平滑流畅的曲线。下面通过绘制一段波浪线来说明 █（钢笔工具）的使用方法，具体操作步骤如下：

1）为了使定点更准确、更容易，选择"视图"｜"网格"｜"显示网格"命令，显示出网格。

2）选择工具箱中的 █（钢笔工具），在一个网格的顶点单击确定起点，然后每隔 3 个网格进行拖放，每次拖放的方向与前次方向相反，如图 3－23 所示。

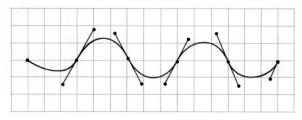

图 3－23　绘制波浪线

> ✚ 提 示
>
> 使用 █（钢笔工具）放置在控制点以外的曲线上，此时鼠标变为 █ 形状，单击即可添加一个控制点；使用 █（钢笔工具）放置在控制点上，此时鼠标变为 █ 形状，单击即可删除该控制点。

（5）矩形工具 ▢

选择工具箱中的 ▢（矩形工具），然后将鼠标拖动到场景中，拖动鼠标即可绘制出一个矩形。如果在拖动鼠标的同时按住【Shift】键可绘制正方形。如果在拖动鼠标的同时按住【Shift+Alt】组合键可绘制以单击点为中心的正方形，如图 3－24 所示。

（6）椭圆工具 ▢

按住工具箱中 ▢（矩形工具）右下角的小三角不放，从弹出的菜单中选择 ▢（椭圆工具），然后将鼠标拖动到场景中，拖动鼠标即可绘制出一个椭圆。如果在拖动鼠标的同时按住【Shift】键可绘制圆，如图 3－25 所示。如果在拖动鼠标的同时按下键盘上的按住【Shift+Alt】组合键可绘制以单击点为中心的圆。

图 3－24　绘制正方形

图 3－25　绘制圆

（7）多角星形工具

按住工具箱中▭（矩形工具）右下角的小三角不放，从弹出的菜单中选择○（多角星形工具），如图3-26所示。单击"属性"面板中的"选项"按钮（见图3-27），在弹出的"工具设置"对话框中设置参数（见图3-28），单击"确定"按钮后即可在舞台中绘制出五边形，如图3-29所示。如果要创建星形，可以单击"属性"面板中的"选项"按钮，在弹出的对话框中进行如图3-30所示的设置，然后单击"确定"按钮即可在舞台中绘制出五角星，如图3-31所示。

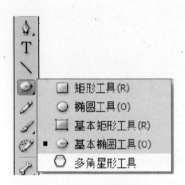

图3-26　选择○（多角星形工具）

图3-27　单击"选项"按钮

图3-28　选择"多边形"样式

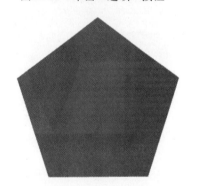

图3-29　绘制多边形

图3-30　选择"星形"样式

图3-31　绘制星形

（8）基本矩形工具 □ 和基本椭圆工具 ◎

□（基本矩形工具）和 ◎（基本椭圆工具）是 Flash CS4 新增的两个工具。使用 □（基本矩形工具）或 ◎（基本椭圆工具）可以直接创建出矩形或椭圆图元，如图 3－32 所示。它们不同于使用对象绘制模式创建的形状。前者在绘制完毕后，还随时可以在"属性"面板中对矩形的角半径（见图 3－33）以及椭圆的开始角度、结束角度进行再次设置，而无须再次绘制；后者只是将形状绘制为独立的对象，绘制完毕后只能在"属性"面板中对填充、笔触高度、端点和接合参数进行调整（见图 3－34），而不能对矩形的角半径以及椭圆的开始角度、结束角度进行再次设置。

图 3－32　创建基本矩形和基本椭圆图元

图 3－33　基本矩形工具的"属性"面板　　　图 3－34　基本椭圆工具的"属性"面板

2．对图形进行修改的工具

（1）选择工具 ▶

利用 ▶（选择工具）可以选择对象、移动对象、改变线段或对象轮廓的形状。下面通过一个实例进行说明，具体操作步骤如下：

1）利用 ＼（线条工具）创建一条线段。

2）选择工具箱中的 ▶（选择工具），移动鼠标到线段的端点处，此时指针右下角变成直角状，此时拖动鼠标即可改变线段的方向和长短，如图 3－35 所示。

3）将鼠标移动到线条上，指针右下角会变成弧线状，拖动鼠标可以将直线变成曲线，如图 3－36 所示。

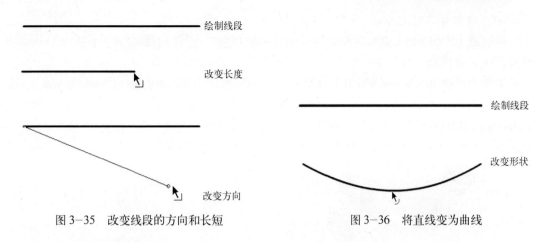

图 3-35　改变线段的方向和长短　　　　图 3-36　将直线变为曲线

（2）部分选取工具 ▶

利用 ▶（部分选取工具）可以调整直线或曲线的长度和曲线的曲率。具体操作步骤如下：

1）利用 ✎（钢笔工具）绘制一段曲线，如图 3-37 所示。

2）选择工具箱中的 ▶（部分选取工具），然后单击如图 3-38 所示的控制点，此时鼠标变为 ▷ 形状。接着向上移动，此时两条控制柄控制的曲线曲率均发生了变化，如图 3-39 所示。

3）按【Ctrl+Z】组合键取消上一步操作，然后按住【Alt】键单击如图 3-38 所示的控制点并向上移动，此时只有该控制柄控制的后半部分曲线的曲率发生变化，如图 3-40 所示。

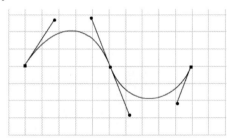

图 3-37　绘制曲线

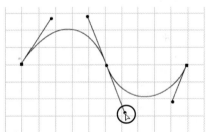

图 3-38　单击控制柄

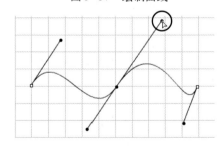

图 3-39　向上拖动控制柄

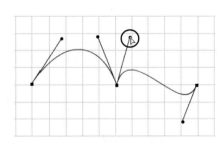

图 3-40　移动一条控制柄

（3）套索工具 ⊘

使用 ⊘（套索工具）可以创建不规则选区，通过激活或关闭 ⊘（多边形模式）按钮，可以在不规则和直边选择模式之间切换。

（4）任意变形工具

利用 （任意变形工具）可以旋转、缩放图形对象，也可以进行扭曲、封套变形，将图形改变成任意形状。

选择工具箱中的 ![](（选择工具）选择对象，然后选择工具箱中的 ![](（任意变形工具），此时被选中的图形将被一个带有 8 个控制点的方框包住（见图 3−41），此时，工具箱的下方会出现 ![](（任意变形工具）的"选项"栏，它有 ![](（贴紧至对象）、![](（旋转与倾斜）、![](（缩放）、![](（扭曲）和 ![](（封套）5 个按钮可供选择，如图 3−42 所示。

图 3−41　选择 ![](（任意变形工具）后的效果　　　图 3−42　![](（任意变形工具）的"选项"栏

- ![](（贴紧至对象）：激活该按钮，可以启动自动吸附功能。
- ![](（旋转与倾斜）：激活该按钮，将鼠标移动到外框顶点的控制点上，鼠标变成 ↺ 形状，此时拖动鼠标，可对图形进行旋转，如图 3−43 所示；将鼠标移动到中间的控制点上，鼠标变成 ⇔ 形状，此时拖动鼠标，可以将对象进行倾斜，如图 3−44 所示。

图 3−43　旋转图形　　　　　　　　　图 3−44　倾斜图形

- ![](（缩放）：激活该按钮，然后将鼠标移动到外框的控制点上，鼠标变成双向箭头形状，此时拖动鼠标可对图形进行缩放操作。
- ![](（扭曲）：激活该按钮，然后将鼠标移动到外框的控制点上，鼠标变成 ▷ 形状，拖动鼠标，可以对图形进行扭曲变形，如图 3−45 所示。
- ![](（封套）：激活该按钮，此时图形的外围出现很多控制点，拖动这些控制点，可以对图形进行更细微的变形，如图 3−46 所示。

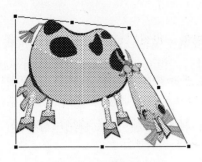

图3-45　扭曲图形

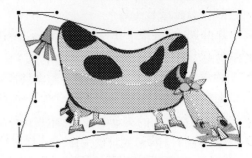

图3-46　封套图形

（5）墨水瓶工具 ⬤

利用 ⬤（墨水瓶工具）可以设置线条的颜色、线型和宽度等属性。如果场景中已有线条和填充了色块的图形，那么选择工具箱中的 ⬤（墨水瓶工具），然后在"属性"面板中修改参数后再单击已有的图形，可以改变线条和图形的属性。下面通过一个例子来说明 ⬤（墨水瓶工具）的使用方法，具体操作步骤如下：

1）在场景中绘制一个带黑色边框的矩形，如图3-47所示。

2）选择工具箱中的 ⬤（墨水瓶工具），在"属性"面板中设置各参数（见图3-48），然后单击矩形的黑色边框，即可将边框改变为所设置的形状，如图3-49所示。

图3-47　绘制矩形

图3-48　设置边框的属性

图3-49　调整边框的形状

（6）滴管工具 ✎

利用 ✎（滴管工具）可以快速地将一种线条的样式套用到其他线条上。下面通过实例说明 ✎（滴管工具）的使用方法，具体操作步骤如下：

1）利用 ＼（线条工具）单击绘制出来的两条不同样式的线段，然后利用 ✎（滴管工具）单击下方的线条，如图3-50所示。

2）将鼠标放到位于上方的线条上，此时在线条上方出现了 ⬤（墨水瓶工具）标记，单击即可将吸取的下方线条属性应用到上方线条上，如图3-51所示。

图3-50　使用 ✎（滴管工具）单击线条

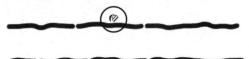

图3-51　单击其他属性的线条

（7）颜料桶工具 ⬧

利用 ⬧（颜料桶工具）可以给图形中的封闭区域填充颜色，即可对某一区域进行单色、渐变色或位图填充，它的图标类似于 ⬧（墨水瓶工具）。但 ⬧（墨水瓶工具）是用于线条上色，而 ⬧（颜料桶工具）用于对封闭区域填充。图3-52所示为二者上色的位置比较。

选择工具箱中的 ⬧（颜料桶工具），然后在工具箱下方单击"选项"栏中的 ⊙（不封闭空隙）按钮，在弹出的菜单中有 ⊙（不封闭空隙）、⊙（封闭小空隙）、⊙（封闭中等空隙）和 ⊙（封闭大空隙）4种模式可供选择，如图3-53所示。

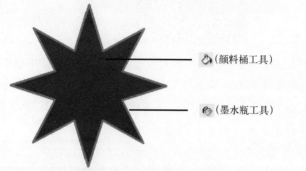

图3-52　⬧（颜料桶工具）和 ⬧（墨水瓶工具）上色区域比较　　图3-53　颜料桶工具的模式

- ⊙（不封闭空隙）：表示要填充的区域必须在完全封闭的状态下才能进行填充。
- ⊙（封闭小空隙）：表示要填充的区域在有小缺口的状态下才能进行填充。
- ⊙（封闭中等空隙）：表示要填充的区域在有中等大小缺口的状态下进行填充。
- ⊙（封闭大空隙）：表示要填充的区域在有较大缺口的状态下也能填充。

⊕ 提　示

在Flash中即使中等空隙和大空隙，缺口也是很小的。有时图形的缺口看起来很小，即使选中 ⊙（封闭大空隙）工具也无法对图形进行填充，遇到这种情况时，应手动封闭要填充的区域后再填充。

（8）填充变形工具 ⬧

利用 ⬧（填充变形工具）可以调整填充的色彩变化。下面通过创建一个水滴来说明 ⬧（填充变形工具）的使用方法，具体操作步骤如下：

1）为了便于观看效果，选择"修改"|"文档"命令，在弹出的对话框中将背景色设为深蓝色（#000066）（见图3-54），单击"确定"按钮。

2）选择工具箱中的 ⊙（椭圆工具），设置笔触颜色为白色，填充颜色为 ⬚（无色），然后配合【Shift】键，绘制一个圆，如图3-55所示。

3）选择"窗口"|"颜色"命令，调出"颜色"面板，然后单击"类型"下拉列表框右侧的下拉按钮，此时在弹出的下拉列表框中显示所有的填充类型，如图3-56所示。

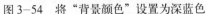

图 3-54　将"背景颜色"设置为深蓝色

图 3-55　绘制圆

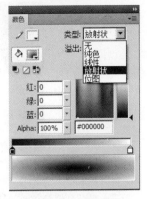

图 3-56　填充类型

- 无：表示对区域不进行填充。
- 纯色：表示对区域进行单色填充。
- 线性：表示对区域进行线性状填充。
- 放射状：表示对区域进行从中心处向两边扩散的球状渐变填充。
- 位图：表示对区域进行从外部导入的位图填充。

4）选择"放射状"填充类型，此时在"颜色"面板上会出现一个颜色条，颜色条下方有一些定位标志 🏛，称它们为"色标"，通过对色标颜色值和位置的设置，可定义出各种填充色。下面分别单击颜色条左右两侧的 🏛，在其上面设置颜色，如图 3-57 所示。

5）选择工具箱中的 ◇（颜料桶工具），对绘制的圆进行填充，效果如图 3-58 所示。

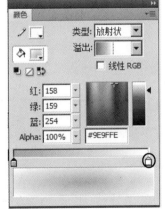

图 3-57　设置左右两侧色标颜色

图 3-58　填充圆形

6）将圆调整为水滴的形状。具体操作步骤如下：选择工具箱中的 ▶（选择工具），将鼠标放置到圆的顶部，然后按住【Ctrl】键向上拖动，效果如图 3-59 所示。接着松开【Ctrl】键对圆形两侧进行处理，并用 ◇（颜料桶工具）对调整好的水滴形状进行再次填充。最后选择白色边线，按【Delete】键进行删除，效果如图 3-60 所示。

图 3-59　调整水滴顶部

图 3-60　水滴最终形状

7）此时水滴填充后的效果缺乏立体通透感，下面通过 ▦（填充变形工具）来解决这个问题。方法：选择工具箱中的 ▦（填充变形工具），单击水滴，效果如图 3-61 所示。然后选择如图 3-62 所示的 ◎ 按钮，向圆形内部移动，从而缩小渐变区域，达到立体通透感的效果。

图 3-61　使用 ▦（填充变形工具）选中水滴

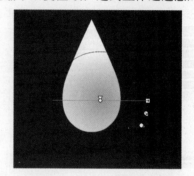

图 3-62　缩小渐变区域

（9）橡皮擦工具

利用 ◢（橡皮擦工具）可以像橡皮一样擦除舞台上不需要的地方。

选择工具箱中的 ◢（橡皮擦工具），工具箱下方会显示出它的"选项"栏，如图 3-63 所示。然后单击"选项"栏中的 ◎ 按钮，在弹出的菜单中有 ◎（标准擦除）、◎（擦除填色）、◎（擦除线条）、◎（擦除所选填充）和 ◎（内部擦除）5 种模式可供选择，如图 3-64 所示。

图 3-63　橡皮擦工具选项栏

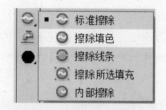

图 3-64　橡皮擦工具的模式

1）◎（标准擦除）模式。利用 ◢（橡皮擦工具）的 ◎（标准擦除）模式可以擦除同一层上的笔触和填充。具体操作步骤如下：首先绘制图形，如图 3-65 所示；然后选择工具箱中的 ◢（橡皮擦工具），在"选项"栏中选择 ◎（标准擦除）模式。接着选择相应的橡皮擦形状，将鼠标移动到图形上涂抹，效果如图 3-66 所示。

2）（擦除填色）模式。利用（橡皮擦工具）的（擦除填色）模式可以只擦除填充，而不影响笔触。具体操作步骤如下：按【Ctrl+Z】组合键，取消刚擦除的效果。然后选择工具箱中的（橡皮擦工具），在"选项"栏中选择（擦除填色）模式。接着选择相应的橡皮擦形状，然后将鼠标移动到图形上涂抹，效果如图 3－67 所示。

图 3-65　绘制图形　　　　图 3-66　标准擦除的效果　　　　图 3-67　擦除填色的效果

3）（擦除线条）模式。利用（橡皮擦工具）的（擦除线条）模式可以只擦除线条，而不影响填充。具体操作步骤如下：按【Ctrl+Z】组合键，取消刚擦除的效果。然后选择工具箱中的（橡皮擦工具），在"选项"栏中选择（擦除线条）模式。接着选择相应的橡皮擦形状，然后将鼠标移动到图形上涂抹，效果如图 3－68 所示。

4）（擦除所选填充）模式。利用（橡皮擦工具）的（擦除所选填充）模式可以只擦除当前选定的填充，而不影响笔触（不管笔触是否被选中）。具体操作步骤如下：按【Ctrl+Z】组合键，取消刚擦除的效果。然后选择工具箱中的（橡皮擦工具），在"选项"栏中选择（擦除所选填充）模式。接着选择相应的橡皮擦形状，然后将鼠标移动到图形上涂抹，效果如图 3－69 所示。

⊕ 提 示

在使用"擦除所选填充"模式之前，一定要先选中要擦除的填充。

5）（内部擦除）模式。利用（橡皮擦工具）的（内部擦除）模式可以只擦除橡皮擦笔触开始处的填充。具体操作步骤如下：按【Ctrl+Z】组合键，取消刚擦除的效果；然后选择工具箱中的（橡皮擦工具），在"选项"栏中选择（内部擦除）模式；接着选择相应的橡皮擦形状，然后将鼠标移动到图形上涂抹，效果如图 3－70 所示。

图 3-68　擦除线条的效果　　　　图 3-69　擦除所选填充的效果　　　　图 3-70　内部擦除的效果

➕ **提 示**

双击 ✐（橡皮擦工具）可以擦除舞台中的所有内容。

在 Flash CS4 中，✐（橡皮擦工具）选项中新增了一个 ⬚（水龙头）按钮，利用它可以快速删除笔触段或填充区域，如图 3-71 所示。

(a) 原图   (b) 擦除脸部填充   (c) 擦除头部笔触

图 3-71 水龙头效果

3.3 元件的创建与编辑

Flash 除了图形的绘制外，还有一个非常重要的概念就是元件，绝大多数 Flash 就是通过对各种元件的操作（如元件位置的移动、旋转以及透明度变化等）来实现动画效果的。此外，通过反复使用元件还可减小文件大小。下面就来具体讲解元件的创建和编辑。

3.3.1 元件的类型

Flash 中的元件可分为影片剪辑、按钮和图形 3 类。

1. 影片剪辑

影片剪辑是一个独立的"万能演员"，是一个自成一格的可以包含动画、互动控制、音效的一个小动画，利用它可以生成各种动画效果。

2. 按钮

按钮好比是"特别演员"，利用它可以对鼠标事件做出反应，从而控制影片。

3. 图形

图形好比是"群众演员"，利用它可以存放静态的图像，也可以用来创建动画，在动画中也可包含其他的元件，但不能添加交互控制和声音效果。

3.3.2 创建元件

创建元件的方法有两种：一种是直接创建元件；另一种是将对象转换为元件。

1．直接创建元件

直接创建元件的具体操作步骤如下：

1）选择"插入"｜"新建元件"（快捷键【Ctrl+F8】）命令，在弹出的如图 3-72 所示对话框中选择相应的元件类型，并输入元件名称。

2）单击"确定"按钮，即可创建一个元件并进入该元件的编辑状态。

2．将对象转换为元件

将对象转换为元件的具体操作步骤如下：

1）在舞台中选择要转换为元件的对象。

2）选择"修改"｜"转换为元件"（快捷键【F8】）命令，在弹出的如图 3-73 所示的对话框中选择相应的元件类型，并输入元件名称。

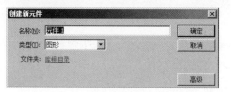
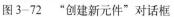

图 3-72 "创建新元件"对话框

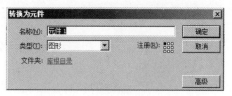

图 3-73 "转换为元件"对话框

3）单击"确定"按钮，即可将其转换为元件。

3.3.3 编辑元件的不同界面

在 Flash 中，编辑元件有两种界面：一种是标准编辑界面；另一种是主场景上的编辑界面。

1．标准编辑界面

标准编辑界面的特点是元件的编辑场景与主场景是分离的。进入元件的编辑场景后，可对元件内容进行独立的编辑，此时没有主场景中的内容作为参考。进入标准编辑界面的具体操作步骤如下：

1）选中需要编辑的元件，如图 3-74 所示。

2）选择"编辑"｜"编辑元件"命令，即可进入所选元件的标准编辑界面，如图 3-75 所示。

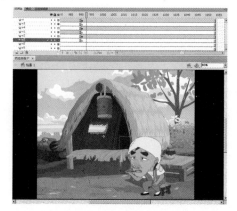

图 3-74 选中要编辑的元件

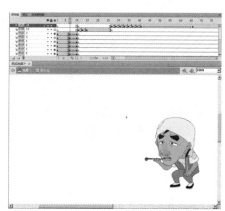

图 3-75 进入元件的标准编辑界面

在"库"面板中双击元件名称，也可进入该元件的标准编辑界面。

2．主场景上的编辑界面

在主场景上的编辑界面中双击要编辑的元件，即可参考主场景中其他内容，对元件内容进行编辑，但无法对主场景的其他内容进行编辑，此时主场景的其他内容会以淡色显示与编辑元件进行区分，如图 3－76 所示。

图 3－76　主场景上的编辑界面

3.3.4　利用库来管理元件

在制作动画的过程中，"库"是使用次数最多的面板之一。Flash 创建好的元件被存放在"库"面板中。默认情况下，"库"面板位于舞台右侧，如图 3－77 所示。按【Ctrl+L】组合键，可以在"库"面板的"打开"和"关闭"状态中进行切换。

- 库名称：用于显示库的名称，单击可将"库"面板"折叠"起来，再次单击，可将"库"面板再次展开。
- 元件预览窗：选中一个元件后，会在该窗口中显示被选元件的缩略图。
- 面板选项按钮：单击此按钮，可弹出相关的快捷菜单，如图 3－78 所示。

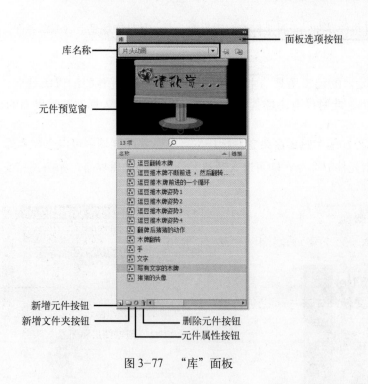

图 3－77　"库"面板　　　　　　　　　　　　　　　　图 3－78　快捷菜单

- 新增元件按钮：单击此按钮，弹出"创建新元件"对话框。

● 新增文件夹按钮：单击此按钮，能在"库"面板中新增文件夹。此功能便于元件的归类和管理。

● 元件属性按钮：单击此按钮，弹出"元件属性"对话框，如图 3-79 所示。在该对话框中可对已建立的元件属性进行修改。

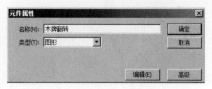

图 3-79 "元件属性"对话框

● 删除元件按钮：单击此按钮，可以删除选中的元件。

3.4 时间轴、图层和帧的使用

3.4.1 "时间轴"面板

在 Flash 中，时间轴位于舞台的正上方，如图 3-80 所示。它是进行 Flash 作品创作的核心部分，主要用于组织动画各帧中的内容，并可以控制动画在某一段时间内显示的内容。时间轴从形式上看分为两部分：左侧的图层控制区和右侧的帧控制区。

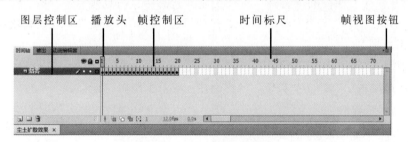

图 3-80 "时间轴"面板

3.4.2 使用图层

时间轴中的"图层控制区"是对图层进行各种操作的区域，在该区域中可以创建和编辑各种类型的图层。

1．创建图层

创建图层的具体操作步骤如下：

1）单击"时间轴"面板下方的 ▣（新建图层）按钮，可新增一个图层。

2）单击"时间轴"面板下方的 ▣（插入图层文件夹）按钮，可新增一个图层文件夹，其中可以包含若干个图层，如图 3-81 所示。

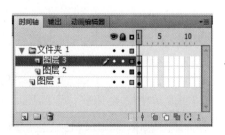

图 3-81 新增图层和图层文件夹

2．删除图层

当不再需要某个图层时，可以将其删除，具体操作步骤如下：

1）选择想要删除的图层。

2）单击"时间轴"面板左侧图层控制区下方的 （删除图层）按钮，如图 3-82 所示，即可将选中的图层删除，如图 3-83 所示。

图 3-82　单击 （删除图层）按钮　　　　图 3-83　删除图层后的效果

3．重命名图层

根据创建图层的先后顺序，新图层的默认名称为"图层 1、2、3······"。在实际工作中，为了便于识别经常要对图层进行重命名，具体操作步骤如下：

1）双击图层的名称，进入名称编辑状态，如图 3-84 所示。

2）输入新的名称，再按【Enter】键确认，即可对图层进行重新命名，如图 3-85 所示。

图 3-84　进入名称编辑状态　　　　　　图 3-85　重命名图层

4．调整图层的顺序

图层中的内容是相互重叠的关系，上面图层中的内容会覆盖下面图层中的内容。在实际制作过程中，可以调整图层之间的位置关系，具体操作步骤如下：

1）单击需要调整位置的图层，从而选中它，如图 3-86 所示。

图 3-86　选择图层

2）按住图层并将其拖动到需要调整的相应位置，此时会出现一个灰色的线条，如图 3-87 所示。接着释放鼠标，图层的位置就调整好了，如图 3-88 所示。

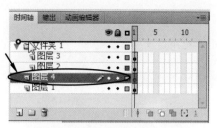

图 3-87　拖动图层到适当位置

图 3-88　改变图层位置后的效果

5. 设置图层的属性

图层的属性包括图层的名称、类型、显示模式和轮廓颜色等，这些属性的设置可以在"图层属性"对话框中完成。双击图层名称右边的■标记（见图 3-89），即可打开"图层属性"对话框，如图 3-90 所示。

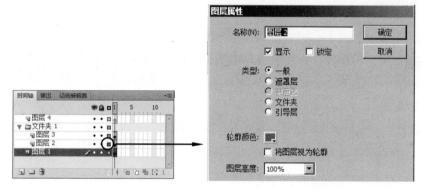

图 3-89　"时间轴"面板　　　　图 3-90　"图层属性"对话框

- 名称：在该文本框中可输入图层的名称。
- 显示：选中该复选框，可使图层处于显示状态。
- 锁定：选中该复选框，可使图层处于锁定状态。
- 类型：用于选择图层的类型，包括"一般"、"遮罩层"、"被遮罩"、"文件夹"和"引导层"5 个选项。
- 轮廓颜色：选中下方的"将图层视为轮廓"复选框，可将图层设置为轮廓显示模式，并可通过单击"轮廓颜色"按钮，对轮廓的颜色进行设置。
- 图层高度：在下拉列表框中可设置图层的高度百分比。

6. 设置图层的状态

时间轴"图层控制区"的最上方有 3 个图标，■用于控制图层中对象的可视性，单击它，可隐藏所有图层中的对象，再次单击可将所有对象显示出来；■用于控制图层的锁定，图层一旦被锁定，图层中的所有对象将不能被编辑，再次单击它可以取消对所有图层的锁定；■用于控制图层中的对象是否只显示轮廓线，单击它，图层中的对象的填充色将被隐藏，以方便编辑图层中的对象，再次单击可恢复到正常状态。图 3-91 所示为图层轮廓显示前后效果的比较。

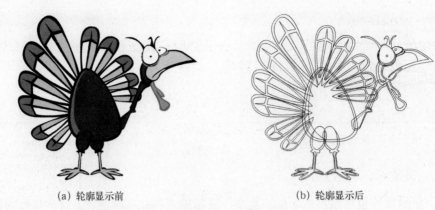

(a) 轮廓显示前　　　　　　　　　　　　　(b) 轮廓显示后

图 3-91　轮廓显示前后效果比较

3.4.3　使用帧

帧是形成动画最基本的时间单位，不同的帧对应着不同的时刻。在逐帧动画中，需要在每一帧上创建一个画面，画面随着时间的推移而连续出现，形成动画；补间动画只需确定动画起点帧和终点帧的画面，而中间部分的画面由 Flash 根据两帧的内容自动生成。

1．播放头

"播放头"以红色矩形▮表示，用于指示当前显示在舞台中的帧。沿着时间轴左右拖动播放头，从一个区域移动到另一个区域，可以预览动画。

2．改变帧视图

在时间轴上，每 5 帧有一个"帧序号"标识，单击时间轴右上角的▤(帧视图) 按钮，会弹出如图 3-92 所示的下拉菜单，选择菜单中不同的选项可以改变时间轴中帧的显示模式。

3．帧类型

Flash 中帧分为空白关键帧、关键帧、普通帧、普通空白帧 4 种类型，它们的显示状态如图 3-93 所示。

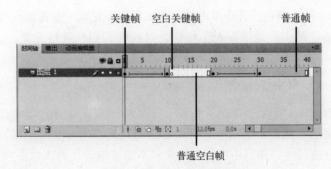

图 3-92　下拉菜单　　　　　　图 3-93　不同帧的显示状态

（1）空白关键帧

空白关键帧显示为空心圆，可以在上面创建内容，一旦创建了内容，空白关键帧就变成了关键帧。

（2）关键帧

关键帧显示为实心圆点，用于定义动画的变化环节，逐帧动画的每一帧都是关键帧，而补间动画则在动画的重要位置创建关键帧。

（3）普通帧

普通帧显示为一个个单元格，不同颜色代表不同的动画，如"动作补间动画"的普通帧显示为浅蓝色；"形状补间动画"的普通帧显示为浅绿色；而静止关键帧后面的普通帧显示为灰色。

（4）普通空白帧

普通空白帧显示为白色，表示该帧没有任何内容。

4．编辑帧

编辑帧的操作是制作动画时使用频率最高、最基本的操作，主要包括插入帧、删除帧等。这些操作都可以通过帧的快捷菜单命令来实现，调出快捷菜单的具体操作步骤如下：选中需要编辑的帧并右击，从弹出的如图 3-94 所示的快捷菜单中选择相关命令即可。

编辑关键帧除了快捷菜单外，在实际工作中还经常使用快捷键，下面是常用的编辑帧的快捷键：

图 3-94　编辑帧的快捷菜单

- "插入帧"的快捷键【F5】。
- "删除帧"的快捷键【Shift+F5】。
- "插入关键帧"的快捷键【F6】。
- "插入空白关键帧"的快捷键【F7】。
- "清除关键帧"的快捷键【Shift+F6】。

3.5　场景的使用

在制作比较复杂的动画时，可以将动画分为若干场景，然后再进行组合，Flash 会根据场景的先后顺序进行播放。此外，还可以利用动作脚本实现不同场景间的跳转。

选择"窗口"|"其他面板"|"场景"命令，调出"场景"面板，如图 3-95 所示，在"场景"面板中可以进行下列操作：

- 复制场景：选中要复制的场景，然后单击"场景"面板下方的 （重制场景）按钮，即可复制出一个原场景的副本，如图 3-96 所示。
- 添加场景：单击"场景"面板下方的 （添加场景）按钮，可以添加一个新的场景，如图 3-97 所示。
- 删除场景：选中要删除的场景，单击"场景"面板下方的 （删除场景）按钮，即可将选中的场景删除。

图 3-95　"场景"面板

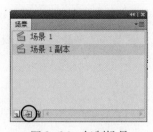

图 3-96　复制场景

图 3-97　添加场景

- 更改场景名称：在"场景"面板中双击场景名称，进入名称编辑状态，如图 3-98 所示，然后输入新名称，按【Enter】键即可，如图 3-99 所示。
- 更改场景顺序：在"场景"面板中选中并按住场景名称拖动到相应的位置，如图 3-100 所示，然后松开鼠标即可，如图 3-101 所示。

图 3-98　进入名称编辑状态

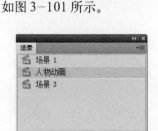

图 3-99　更改场景名称

图 3-100　拖动场景

图 3-101　拖动后的效果

3.6　图像、视频和声音的使用

本节将具体讲解在 Flash 中导入图像、视频和声音的方法。

3.6.1　导入图像

在 Flash　CS4 中可以很方便地导入其他程序制作的位图图像和矢量图形文件。

1．导入位图图像

在 Flash 中导入位图图像会增加 Flash 文件的大小，但在图像属性对话框中可以对图像进行压缩处理。

导入位图图像的具体操作步骤如下：

1）选择"文件"|"导入"|"导入到舞台"命令。

2）在弹出的"导入"对话框中选择配套光盘中的"素材及结果\第 4 章　Flash　CS4 动画技巧演练\4.4　睡眠的表现效果\背景.jpg"位图图像文件（见图 3-102），然后单击 打开(0) 按钮。

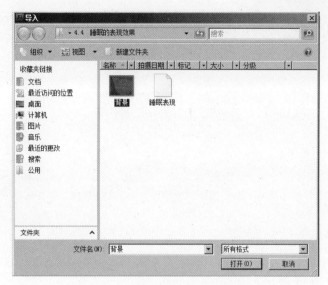

图 3-102 选择要导入的位图图像

3）在舞台和库中即可看到导入的位图图像，如图 3-103 所示。

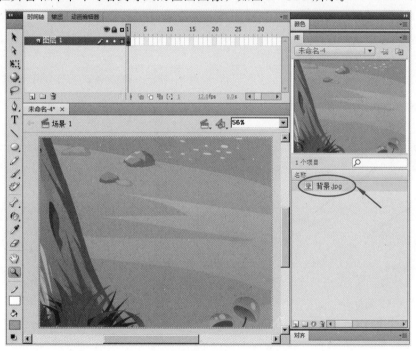

图 3-103 导入位图图像

4）为了减小图像文件的大小，右击"库"面板中的"背景"，从弹出的快捷菜单中选择"属性"命令。然后在弹出的对话框中选择"自定义"单选按钮（见图 3-104）并在其后的文本框中设定 0~100 的数值来控制图像的质量。输入的数值越高，图像压缩后的质量越高，图像文件也就越大。设置完毕后，单击"确定"按钮，即可完成图像压缩。

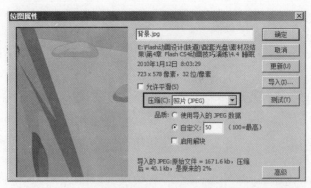

图 3-104   取消勾选"使用导入的 JPEG 数据"复选框

2．导入矢量图形

Flash　CS4 还可导入其他软件中创建的矢量图形，并可对其进行编辑使之成为生成动画的元素。具体操作步骤如下：

1）选择"文件"｜"导入"｜"导入到舞台"命令。

2）在弹出的"导入"对话框中选择配套光盘中的"素材及结果＼第 3 章 Flash　CS4 动画基础＼商标.ai"矢量图形文件，然后单击 打开(0) 按钮。

3）在弹出的对话框中保持默认参数（见图 3-105），单击"确定"按钮。此时可在舞台中看到导入的图形，如图 3-106 所示。

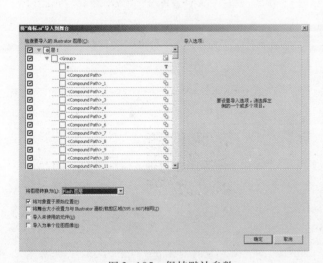

图 3-105   保持默认参数

图 3-106   导入的图形

3.6.2   导入视频

在 Flash　CS4 中可以导入 QuickTime 或 Windows 播放器支持的媒体文件。同时 Flash CS4 中加入的 SorensonSpark 解码器还可以直接支持视频文件的播放。另外，Flash 还可以对导入的对象进行缩放、旋转、扭曲等处理，也可以通过编写脚本来创建视频对象的动画。

在 Flash CS4 中可以导入以下扩展名的视频格式：.avi、.dv、.mpg/mpeg、.mov、.wmv、.asf。
具体操作步骤如下：

1）选择"文件"|"导入"|"导入视频"命令，在弹出的"导入视频"对话框中单击 浏览... 按钮，然后在弹出的对话框中选择任意视频文件（此处笔者选择保存在自己计算机中的游弋动画.mpg视频文件），单击 打开(O) 按钮，从而指定要导入的视频文件，如图3-107所示。

2）单击 下一个> 按钮，在弹出的对话框中选择"从Web服务器渐进式下载"单选按钮，如图3-108所示。

图 3-107　指定要导入的视频文件

图 3-108　选择"从Web服务器渐进式下载"单选按钮

3）单击 下一个> 按钮，在弹出的对话框中选择一个视频编码配置文件，并设置导入视频的区域，如图3-109所示。

4）单击 下一个> 按钮，在弹出的对话框中加载一种外观，如图3-110所示。

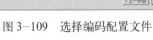

图 3-109　选择编码配置文件

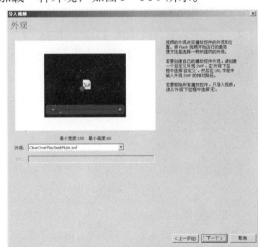

图 3-110　加载外观

5）单击 下一个> 按钮，此时会显示要导入的视频文件的相关信息，如图3-111所示。

第3章　Flash CS4 动画基础

57

6）单击 完成 按钮，在弹出的"另存为"对话框中设置要保存的文件名，然后单击 保存(S) 按钮，即可进行视频解码，如图3-112所示。

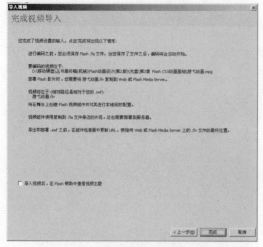

图3-111　视频文件的相关信息

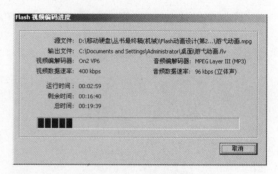

图3-112　解码进度

7）解码完成后，即可看到视频文件被导入到舞台。然后按【Ctrl+Enter】组合键测试动画。

3.6.3　导入声音

给动画添加声音效果，可以使动画具有更强的感染力。Flash 提供多种使用声音的方式，可以使动画与声音同步播放，还可以设置淡入淡出效果使声音更加柔美。在 Flash CS4 中可以导入以下扩展名的声音文件：.wav、.aiff、.mp3。

打开配套光盘中的"素材及结果＼第3章　FlashCS4动画基础＼篮球片头＼篮球介绍－完成.fla"文件，然后按【Ctrl+Enter】组合键测试动画，此时伴随着节奏感很强的背景音乐，动画开始播放，最后伴随着动画的结束音乐淡出，出现一个"3 WORDS"按钮，当按下按钮时会听到提示声音。

声音效果的产生是因为加入了一些声音：背景音乐和为按钮加入的音效。下面讲解添加声音的方法，具体操作步骤如下：

1．引用声音

1）选择"文件"｜"打开"命令，打开配套光盘中的"素材及结果＼第3章　Flash CS4 动画基础＼篮球片头＼篮球介绍－素材.fla"文件。

2）选择"文件"｜"导入"｜"导入到库"命令，在弹出的对话框中选择配套光盘中的"素材及结果＼第3章　Flash CS4动画基础＼篮球片头＼背景音乐.wav"和"sound.mp3"声音文件（见图3-113），单击 打开(O) 按钮，将其导入到库。

3）选择"图层8"，然后单击 ☑（插入图层）按钮，在"图层8"上方新建一个图层，并将其重命名为"音乐"，然后从库中将"背景音乐.wav"拖入该层，此时"音乐"层上出现了"背景音乐.wav"详细的波形，如图3-114所示。

图 3-113 导入声音文件

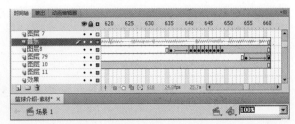

图 3-114 将"背景音乐.wav"拖入"音乐"层

4）按【Enter】键，即可听到音乐效果。

2．编辑声音

1）制作主体动画消失后音乐淡出的效果。具体操作步骤如下：选择"音乐"层，打开"属性"面板，如图 3-115 所示。

在"属性"面板中有很多设置和编辑声音对象的参数。

在"名称"下拉列表框中选择要引用的声音对象，只要将声音导入到库中，声音都将显示在下拉列表中，这也是另一种导入库中声音的方法，如图 3-116 所示。

打开"效果"下拉列表，从中可以选择一些内置的声音效果，如声音的淡入、淡出等效果，如图 3-117 所示。

图 3-115 声音的"属性"面板　　图 3-116 "名称"下拉列表框　　图 3-117 "效果"下拉列表框

单击 ✎（编辑声音封套）按钮，弹出如图 3-118 所示的"编辑封套"对话框。

- 🔍放大：单击该按钮，可以放大声音的显示，如图 3-119 所示。
- 🔍缩小：单击该按钮，可以缩小声音的显示，如图 3-120 所示。
- ⊙秒：单击该按钮，可以将声音切换到以秒为单位，如图 3-121 所示。
- 帧：单击该按钮，可以将声音切换到以帧为单位。

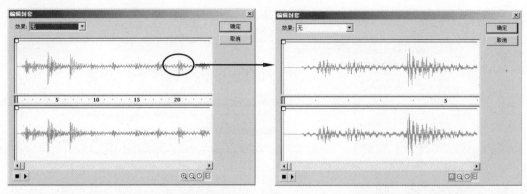

图 3-118 "编辑封套"对话框　　　　图 3-119 放大声音后的效果

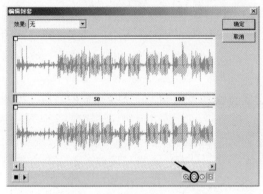

图 3-120 缩小声音后的效果　　　　图 3-121 以秒为单位显示的效果

- ▶播放声音：单击该按钮，可以试听编辑后的声音。
- ■停止声音：单击该按钮，可以停止播放。

在"同步"下拉列表框中可以设置"事件"、"开始"、"停止"和"数据流"4个同步选项，如图3-122所示。

- 事件：选中该选项后，会将声音与一个事件的发生过程同步起来。事件声音独立于时间轴播放完整声音，即使动画文件停止也继续播放。

- 开始：该选项与"事件"选项的功能相近，但如果声音正在播放，使用"开始"选项则不会播放新的声音。

- 停止：选中该选项后，将使指定的声音静音。

- 数据流：选中该选项后，将同步声音，强制动画和音频流同步，即音频随动画的停止而停止。

图 3-122 "同步"下拉列表框

在"同步"下拉列表框下面还可以设置"重复"和"循环"属性，如图3-123所示。

2）在"效果"下拉列表框中选择"淡出"选项，然后单击"编辑"按钮，此时音量指示线上会自动添加节点，产生淡出效果，如图3-124所示。

图 3-123　设置"重复"和"循环"

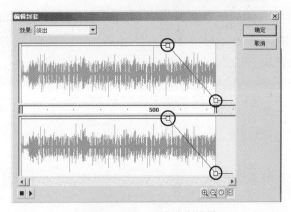

图 3-124　默认淡出效果

3）这段动画在 600 帧之后就消失了，而后出现"3 WORDS"按钮。为了使声音随动画结束而淡出，下面单击 按钮放大视图（见图 3-125），然后在第 600 帧音量指示线上单击，添加一个节点，并向下移动（见图 3-126），单击"确定"按钮。

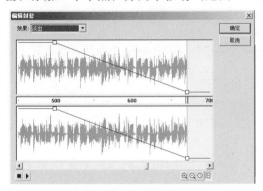

图 3-125　放大视图

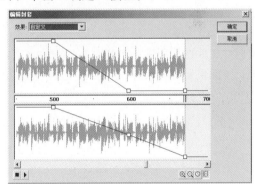

图 3-126　添加并调整节点

3. 给按钮添加声效

1）在第 661 帧，双击舞台中的"3 WORDS"按钮，如图 3-127 所示，进入按钮编辑模式，如图 3-128 所示。

图 3-127　双击舞台中的"3 WORDS"按钮

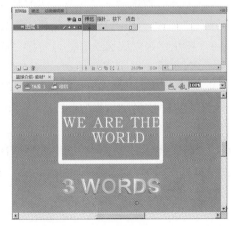

图 3-128　进入按钮编辑模式

2）单击 (插入图层) 按钮，新建"图层 2"，如图 3-129 所示。然后在该层中单击"按下"按钮，然后按【F7】键插入空白关键帧，接着从"库"面板中将"sound.mp3"拖入该层，结果如图 3-130 所示。

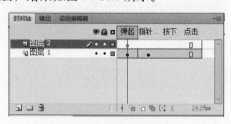

图 3-129　新建"图层 2"

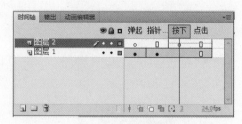

图 3-130　在"按下"按钮处添加声音

3）按【Ctrl+Enter】组合键测试动画，当动画结束按钮出现后，单击该按钮就会出现提示音的效果。

3.6.4　压缩声音

Flash 动画在网络上流行的一个重要原因是它的文件相对较小。这是因为 Flash 在输出时会对文件进行压缩，包括对文件中的声音压缩。Flash 的声音压缩主要在"库"面板中进行，下面讲解对 Flash 导入声音进行压缩的方法。

1. 声音属性

打开"库"面板，然后双击声音左边的 图标或单击 按钮，弹出"声音属性"对话框，如图 3-131 所示。

图 3-131　"声音属性"对话框

在"声音属性"对话框中可以对声音进行"压缩"处理，打开"压缩"下拉列表，其中有"默认"、"ADPCM"、"MP3"、"原始"和"语音"5 种压缩模式，如图 3-132 所示。

这里重点介绍最为常用的"MP3"压缩选项，通过对它的学习逐步掌握其他压缩选项的设置。

2．压缩属性

在"声音属性"对话框中，在"压缩"下拉列表框中选择"MP3"选项，如图3-133所示。

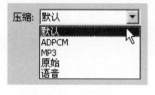

图3-132 压缩模式

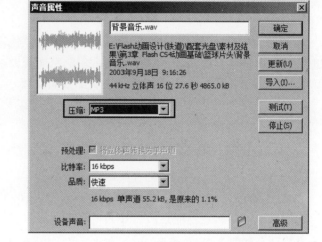

图3-133 选择"MP3"选项

- 比特率：用于确定导出的声音文件中每秒播放的位数。Flash支持的比特率为8～160kbit/s，如图3-134所示。"比特率"越低，声音压缩的比例就越大，但是在设置时一定要注意，导出音乐时，需要将比特率设置为16kbit/s或更高。如果设置得过低，将很难获得令人满意的声音效果。
- 预处理：该项只有在选择的比特率为20kbit/s或更高时才可用。选中"将立体声转换为单声道"复选框，表示将混合立体声转换为单声（非立体声）。
- 品质：该项用于设置压缩速度和声音品质。它有"快速"、"中"和"最佳"3个选项供选择，如图3-135所示。"快速"表示压缩速度较快，声音品质较低；"中"表示压缩速度较慢，声音品质较高；"最佳"表示压缩速度最慢，声音品质最高。

图3-134 设置比特率

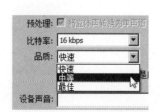

图3-135 设置品质

3.7 创建动画

Flash CS4 动画分为逐帧动画、动作补间动画、形状补间动画、引导层动画、遮罩动画和时间轴特效动画 6 种类型，下面进行具体讲解。

3.7.1 创建逐帧动画

逐帧动画是指在时间轴中逐帧放置不同的内容，使其连续播放而形成的动画。这和早期的传统动画制作方法相同，这种动画占用的空间较大，但它具有非常大的灵活性，几乎可以表现任何想表现的内容，很适合表现细腻的动画。

在 Flash 中创建逐帧动画的方法有两种：一种是在 Flash 中逐帧制作内容；另一种是通过导入图片组自动产生逐帧动画。

1．在 Flash 中逐帧制作内容

在 Flash 中逐帧制作内容的具体操作步骤如下：

1）选择"文件"|"打开"命令，打开配套光盘中的"素材及结果\第3章 Flash CS4 动画基础\劫匪举枪\劫匪举枪－素材.fla"文件，从"库"面板中将相关元件拖入舞台，并组合形状，如图 3-136 所示。

2）单击时间轴的第 3 帧，选择"插入"|"时间轴"|"空白关键帧"（快捷键【F7】）命令，插入空白关键帧，然后根据需要将要替换的元件从"库"面板中拖入舞台，并组合形状，如图 3-137 所示。

图 3-136　在第 1 帧组合形状

图 3-137　在第 3 帧组合形状

3）同理，插入第5、7帧，并分别在舞台中组合元件，如图3-138所示。

（a）第5帧　　　　　　　　　　　（b）第7帧

图3-138　在不同帧组合元件

4）按【Enter】键播放动画，即可看到连续播放的动画效果，如图3-139所示。

图3-139　动画过程

2．导入图片组产生逐帧动画

导入图片组产生逐帧动画的具体操作步骤如下：

1）选择"文件"|"导入"|"导入到舞台"命令，在弹出的"导入"对话框中选择配套光盘中的"素材及结果\第3章 Flash CS4动画基础\蓝球片头\3D TITLE0001"图片，如图3-140所示。

> ⊕ 提 示
>
> "蓝球片头"文件夹中包括了多张以"3D TITLE0001"为起始的序列图片。

2）单击"打开"按钮，此时会弹出如图3-141所示的对话框，单击"是"按钮，即可将图片导入连续的帧中，如图3-142所示。

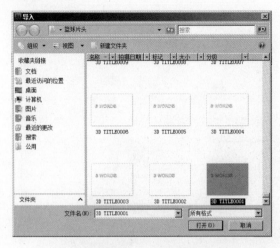

图 3-140 选择 "3D TITLE0001" 图片   图 3-141 单击 "是" 按钮

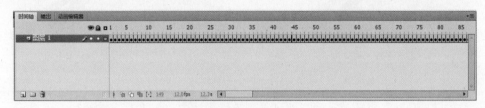

图 3-142 时间轴分布

3.7.2 创建动作补间动画

动作补间动画是指先在起始帧定义元件的属性,如位置、大小、颜色、透明度、旋转等,然后在结束帧改变这些属性,接着通过 Flash 进行计算,补足这两帧之间的区间位置。这两帧就好比是传统动画中的原画,而中间画是通过程序自动生成的,这种动画文件占用的空间与逐帧动画相比很小。

创建动作补间动画的具体操作步骤如下:

1)新建 Flash CS4 文件,选择 "修改" | "文档"(快捷键【Ctrl+J】)命令,在弹出的 "文档属性" 对话框中将背景色设置为浅蓝色(#000066),然后单击 "确定" 按钮。

2)在舞台中输入文字,选择 "修改" | "转换为元件"(快捷键【F8】)命令,将其转换为元件,如图 3-143 所示。

3)选择 "图层 1" 的第 10 帧,选择 "插入" | "时间轴" | "关键帧"(快捷键【F6】)命令,插入关键帧,然后利用工具箱中的 （任意变形工具)将文字进行放大,并在属性面板中将其 Alpha 值设置为 0,如图 3-144 所示。

4)在 "图层 1" 的第 1～10 帧之间右击,从弹出的快捷菜单中选择 "创建传统补间" 命令,此时时间轴如图 3-145 所示。

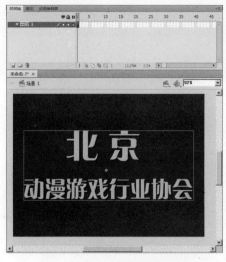

图 3-143 将文字转换为元件

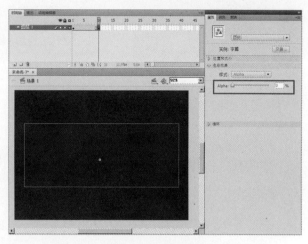

图 3-144 将文字放大并将 Alpha 设置为 0

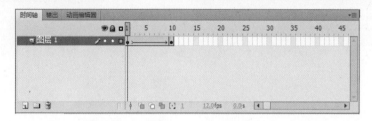

图 3-145 创建补间动画后的时间轴分布

5）按【Enter】键播放动画，即可看到文字放大并逐渐消失的效果。

3.7.3 创建形状补间动画

形状补间动画是指在两个关键帧之间制作出变形的效果，即让一种形状随时间变化成另一种形状，还可以对物体的位置、大小和颜色进行渐变。与动作补间动画一样，制作者只要定义起始和结束两个关键帧即可，中间画是通过程序自动生成的，这种动画文件占用的空间与逐帧动画相比很小。

创建形状补间动画的具体操作步骤如下：

1）新建 Flash CS4 文件，然后选择"修改"|"文档"（快捷键【Ctrl+J】）命令，在弹出的"文档属性"对话框中将背景色设置为浅绿色（#00ff00），然后单击"确定"按钮。

2）选择工具箱中的 （椭圆工具），笔触颜色设置为 ，填充设置为与背景相同的深蓝色（#000066），按住【Shift】键，然后在工作区中创建圆。

3）选择"窗口"|"对齐"（快捷键【Ctrl+K】）命令，调出"对齐"面板，将圆中心对齐舞台中心，结果如图 3-146 所示。

4）选择"图层 1"的第 20 帧，选择"插入"|"时间轴"|"关键帧"（快捷键【F6】）命令，插入关键帧，此时时间轴如图 3-147 所示。

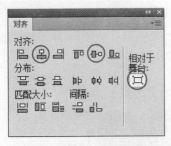

图 3-146　设置对齐参数

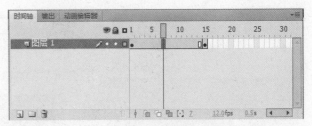

图 3-147　在第 20 帧插入关键帧

5）选择工具箱中的 ▦（任意变形工具），单击工作区中的圆，对圆进行处理，如图 3-148 所示。

6）将变形后的圆轴心点移到下方，如图 3-149 所示。

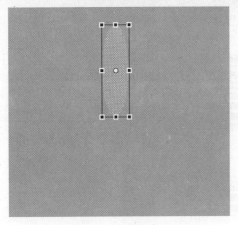

图 3-148　对圆进行处理

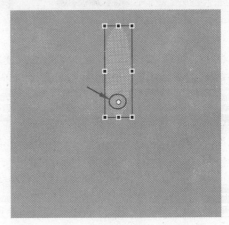

图 3-149　将圆轴心点向下移动

7）选择"窗口"|"变形"命令，调出"变形"面板，然后确定水平和垂直的比例均为 100%，设置旋转角度为 30°，然后单击 ▣（重制选区和变形）按钮 11 次，如图 3-150 所示。

8）调出红-黄放射状渐变如图 3-151 所示，填充旋转变形的花朵，结果如图 3-152 所示。

图 3-150　旋转复制图形

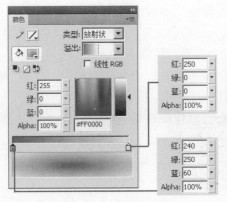

图 3-151　设置渐变色

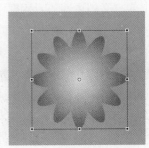

图 3-152　填充效果

9）右击"图层1"第1～20帧中的任意一帧，从弹出的快捷菜单中选择"创建补间形状"命令，此时时间轴如图3-153所示。

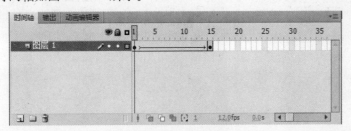

图3-153　创建补间形状后的时间轴分布

10）按【Enter】键播放动画，即可看到花朵盛开的效果。

3.7.4　创建引导层动画

在二维传统动画中，如果要让对象沿曲线运动，必须逐帧绘制来实现。而在Flash中，可以利用运动引导层轻松地制作出对象沿一条曲线进行运动变化的动画，从而大大提高工作效率。

创建引导层动画的具体操作步骤如下：

1）新建Flash CS4文件，选择"插入"|"新建元件"命令，在弹出的对话框中设置参数如图3-154所示，单击"确定"按钮。

2）在新建的"叶子"图形元件中，绘制图形，如图3-155所示。

> **十 提 示**
>
> 手绘功底不高的朋友，可以选择"文件"|"导入到库"命令，从光盘中导入"配套光盘\第3章Flash CS4动画基础\引导线动画.swf"文件，此时库面板中会出现该文件使用的相关元件，如图3-156所示。

图3-154　新建"叶子"图形元件　　　图3-155　绘制叶子图形　　　图3-156　　"库"面板

3）单击时间轴上方的  场景 1 按钮，回到"场景1"，从"库"面板中将"叶子"元件拖入场景。然后在"变形"面板中将其缩放为原来的50%，接着选择"图层1"的第15帧，选择"插入"|"时间轴"|"关键帧"（快捷键【F6】）命令，插入关键帧，如图3-157所示。

4）右击"图层1"，从弹出的快捷菜单中选择"添加传统运动引导层"命令，添加一个引导层，然后利用 （铅笔工具）绘制曲线作为叶子运动的路径，如图3-158所示。

图 3-157　在第15帧添加关键帧

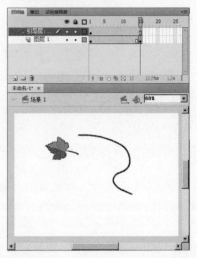

图 3-158　添加引导层绘制路径

5）为了便于操作，首先激活工具栏中的 （贴紧至对象）按钮，然后单击"图层1"的第1帧，将"叶子"元件移动到曲线的一端，并适当旋转一下角度，如图3-159所示。接着单击第15帧，将"叶子"元件移动到曲线的另一端，同样也旋转一定角度，如图3-160所示。

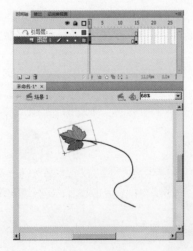

图 3-159　在第1帧旋转"叶子"元件

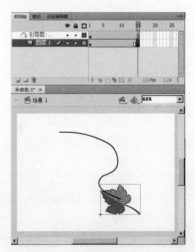

图 3-160　在第15帧旋转"叶子"元件

6）在"图层1"的第1～15帧之间右击，从弹出的快捷菜单中选择"创建补间动画"命令，此时时间轴如图3-161所示。

7）此时按【Enter】键预览动画，会发现两个问题：一是叶子运动的速度是匀速的；二

是叶子自始至终方向一致，不符合自然界中树叶落下过程中不断改变方向的特点。解决这两个问题的方法：单击"图层1"的第1帧，在弹出的"属性"面板中将"缓动"设置为"-15"，从而产生树叶在下落过程中加速运动的效果。然后勾选"调整到路径"复选框，如图3-162所示，从而产生树叶产生在下落过程沿曲线改变方向的效果。

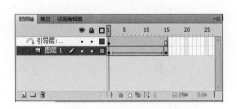

图3-161 时间轴分布

图3-162 设置参数

8）再次按【Enter】键播放动画，即可看到树叶飘落的效果，如图3-163所示。

图3-163 树叶飘落的效果

3.7.5 创建遮罩动画

遮罩动画是通过遮罩层完成的。可以在遮罩层中创建一个任意形状的图形或文字，遮罩层下方的图像可以通过这个图形或文字显示出来，而图形或文字之外的图像将不会显示。遮罩的具体使用可参见配套光盘中的"素材及结果＼第4章　Flash　CS4动画技巧演练＼4.3结尾黑场动画＼结尾黑场的动画效果.fla"。

3.8 文本的使用

文本在Flash动画片中使用的频率很高，本节将具体讲解一下文本在Flash中的应用。

3.8.1 输入文本

在输入文本时，文本框有两种状态：无宽度限制和有宽度限制。创建这两种文本的具体操作步骤如下：

第3章 Flash CS4 动画基础

71

1）创建无宽度限制的文本。方法：选择工具箱中的 ▢（文本工具），在舞台中单击，此时文本框的右上角有一个小圆圈。然后输入文本，这时文本框会随着文字的增加而加长，如图 3-164 所示。

2）创建有宽度限制的文本。方法：选择工具箱中的 ▢（文本工具），在舞台中拖动鼠标，此时工作区中会出现一个文本框，右上角有一个方形，在该文本框中输入的文字会根据文本框的宽度自动换行，如图 3-165 所示。使用鼠标拖动方形还可以调整文本框的宽度。

图 3-164　创建无宽度限制的文本　　　　　图 3-165　创建有宽度限制的文本

3.8.2　编辑文本

在输入文本之后，还可以在"属性"面板中对其进行编辑。静态文本的"属性"面板如图 3-166 所示。

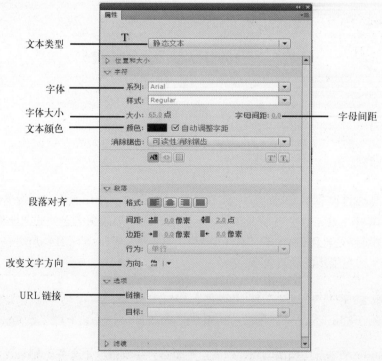

图 3-166　"静态文本"的"属性"面板

1. 文本类型

Flash　CS4 的文本分为"静态文本"、"动态文本"和"输入文本"3 种类型。选择不同类型的文本，属性面板也会随之变化。

（1）静态文本

选择"静态文本"类型，输入的文字是静态的，此时可以对文字进行各种格式的操作。图3-166所示为选择"静态文本"类型时的文本"属性"面板。

（2）动态文本

选择"动态文本"类型，输入的文字相当于变量，可以随时从服务器支持的数据库中调用或修改。图3-167所示为选择"动态文本"类型时的文本"属性"面板。

（3）输入文本

选择"输入文本"类型，使用 T（文本工具）可以在工作区中绘制表单，并可在表单中直接输入用户信息，但不能创建文字链接。图3-168所示为选择"输入文本"类型时的文本"属性"面板。

图3-167 "动态文本"的属性面板

图3-168 "输入文本"的属性面板

2．字母间距

在"字母间距"数值框中输入数值，即可调节字符间的相互距离。图3-169所示为不同字符间距的效果比较。

北京动漫游戏行业协会　　北京动漫游戏行业协会

（a）"字母间距"为0　　　　　　　　（b）"字母间距"为10

图3-169 不同字母间距的效果比较

3．字体、字体大小、颜色

单击"字体"下拉按钮，从弹出的下拉列表框中可以选择相关字体；单击"字体大小"下拉按钮，从弹出的下拉列表框中可以选择字体字号；单击颜色框，在弹出的面板中可以选择字体颜色。

4．字体加粗、倾斜

单击 B 按钮，可对文本进行加粗处理；单击 I 按钮，可对文本进行倾斜处理。图3-170所示为分别对文字进行加粗、倾斜处理的效果比较。

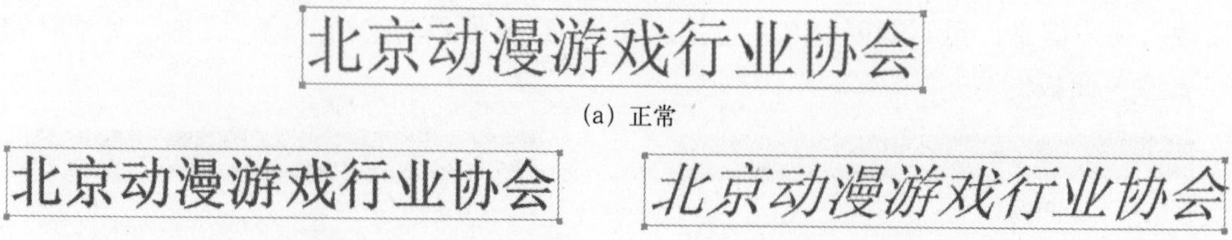

北京动漫游戏行业协会

(a) 正常

北京动漫游戏行业协会   北京动漫游戏行业协会

(b) 加粗   (c) 倾斜

图3-170　对文字进行加粗、倾斜处理的效果比较

5．段落对齐

对齐方式决定了段落中每行文字相对于文本块边缘的位置。单击 ▤ 按钮，可使文字左对齐；单击 ▤ 按钮，可使文字居中对齐；单击 ▤ 按钮，可使文字右对齐；单击 ▤ 按钮，可使文字两端对齐。

6．改变文字方向

单击 ▦ 按钮，弹出的菜单中有"水平"、"垂直，从左到右"和"垂直，从右到左"3个文本方向选项。图3-171所示为选择不同选项的效果比较。

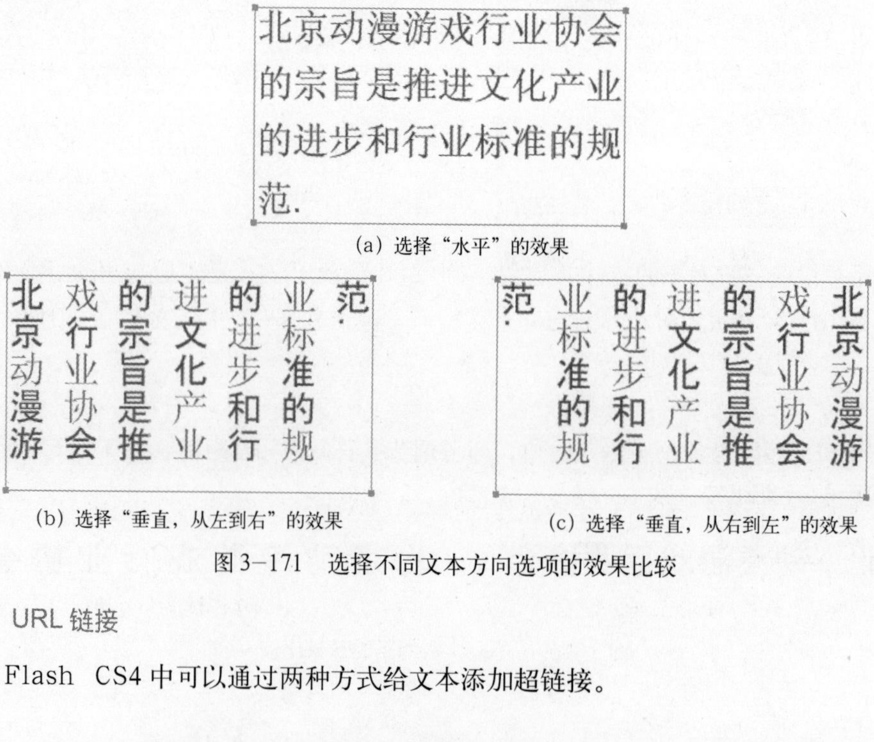

北京动漫游戏行业协会
的宗旨是推进文化产业
的进步和行业标准的规
范.

(a) 选择"水平"的效果

(b) 选择"垂直，从左到右"的效果

(c) 选择"垂直，从右到左"的效果

图3-171　选择不同文本方向选项的效果比较

7．URL 链接

在Flash CS4中可以通过两种方式给文本添加超链接。

（1）选定文本框中特定的文字设置超链接

选定文本框中特定的文字设置超链接的具体操作步骤如下：

1）选中要添加链接的文本。

2）在文本"属性"面板的"URL链接"文本框中输入链接地址。

（2）给整个文本框设定超链接

给整个文本框设定超链接的具体操作步骤如下：

1）选中要添加链接的文本框。

2）在文本属性面板的"URL链接"文本框中输入链接地址。

3.8.3 嵌入字体和设备字体

在Flash CS4中使用的字体可以分为嵌入字体和设备字体两种。

1. 嵌入字体

在Flash中如果使用的是系统已经安装的字体，Flash将在SWF文件中嵌入字体信息，从而保证动画播放时字体能够正常显示。但不是所有在Flash中显示的字体都可以被导入到SWF中，比如文字有锯齿，Flash就不能识别字体轮廓，从而无法正确导出文字。

2. 设备字体

利用Flash制作动画时，为了产生一些特殊文字效果经常会使用一些特殊字体，即设备字体。设备字体不会嵌入到字体SWF文件中，因此使用设备字体发布的影片会很小。但是由于设备字体没有嵌入到影片中，如果浏览者的系统上没有安装相应的字体，在浏览时观赏到的字体会与预期的效果有区别。Flash中包括3种设备字体，分别是_sans、_serif和typewriter。

如果用户计算机中不存在相关字体的Flash文件时，Flash会打开一个警告框。单击"选择替换字体"按钮，在打开的对话框中会显示出本地计算机中不存在的字体，并允许为这些字体选择替换字体。

3.8.4 对文本使用滤镜

滤镜是可以应用到对象的特殊效果。在Flash CS4中对文字可以应用的滤镜有："投影"、"模糊"、"发光"、"斜角"、"渐变发光"、"渐变斜角"和"调整颜色"7种。下面进行具体讲解。

1. 投影

"投影"滤镜可以模拟对象向一个表面投影的效果，或者在背景中剪出一个形似对象的洞，来模拟对象的外观。图3-172所示为"投影"参数面板，图3-173所示为"投影"前后效果比较。

图 3-172　"投影"参数面板

(a) "投影"前

(b) "投影"后

图 3-173　"投影"前后效果比较

2. 模糊

"模糊"滤镜可以柔化对象的边缘和细节。将模糊应用于对象，可以让其看起来好像位于其他对象的后面，或者使对象看起来好像是运动的。图 3-174 所示为"模糊"参数面板，图 3-175 所示为"模糊"前后效果比较。

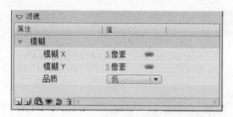

图 3-174　"模糊"参数面板

(a) "模糊"前

(b) "模糊"后

图 3-175　"模糊"前后效果比较

3. 发光

"发光"滤镜用于为对象的整个边缘应用颜色。图 3-176 所示为"发光"参数面板，图 3-177 所示为"发光"前后效果比较。

图 3-176　"发光"参数面板

a) 发光"前

b) 发光"后

图 3-177　"发光"前后效果比较

4. 斜角

"斜角"滤镜可以为对象添加加亮效果，使其看起来凸出于背景表面。图 3-178 所示为"斜角"参数面板，图 3-179 所示为"斜角"前后效果比较。

图 3-178　"斜角"参数面板

Chinadv

(a)"斜角"前

Chinadv

(b)"斜角"后

图 3-179　"斜角"前后效果比较

5．渐变发光

"渐变发光"滤镜用于在发光表面产生带渐变颜色的发光效果。图 3-180 所示为"渐变发光"参数面板，图 3-181 所示为"渐变发光"前后效果比较。

图 3-180　"渐变发光"参数面板

Chinadv

(a)"渐变发光"前

Chinadv

(b)"渐变发光"后

图 3-181　"渐变发光"前后效果比较

6．渐变斜角

"渐变斜角"滤镜用于产生一种凸起效果，使对象看起来好像从背景上凸起，且斜角表面有渐变颜色。图 3-182 所示为"渐变斜角"参数面板，图 3-183 所示为"渐变斜角"前后效果比较。

图 3-182　"渐变斜角"参数面板

Chinadv

(a)"渐变斜角"前

Chinadv

(b)"渐变斜角"后

图 3-183　"渐变斜角"前后效果比较

7．调整颜色

"调整颜色"滤镜可以调整对象的亮度、对比度、色相和饱和度。图 3-184 所示为"调整颜色"参数面板。

图 3-184   "调整颜色"参数面板

3.9   发布 Flash 动画的方法

在 Flash 动画制作完成后，可以根据播放环境的需要将其输出为多种格式。比如可以输出为适合于网络播放的 .swf 和 .html 格式，也可以输出为非网络播放的 .avi 和 .mov 格式，还可以输出为 .exe 格式。

3.9.1   发布为网络上播放的动画

Flash 主要用于网络动画，因此默认发布为 .swf 和 .html 格式的动画文件。

1．优化动画文件

由于全球用户使用的网络传输速度不同，如果制作的动画文件较大，常常会让那些网速不是很快的用户失去耐心，因此在不影响动画播放质量的前提下尽可能地优化动画文件是十分必要的。优化 Flash 动画文件可以分为在制作静态元素时进行优化、在制作动画时进行优化、在导入音乐时进行优化和在发布动画时进行优化 4 个方面。

（1）在制作静态元素时进行优化

● 多使用元件。重复使用元件并不会使动画文件明显增大，因此对于在动画中反复使用的对象，应将其转换为元件，然后重复使用该元件。

● 多采用实线线条。虚线线条（比如点状线、斑马线）相对于实线的线条复杂，因此应减少虚线线条的数量，而多采用构图最简单的实线线条。

● 优化线条。矢量图形越复杂，CPU 运算起来就越费力，因此在制作矢量图形后可以选择"修改"｜"形状"｜"优化"命令，将矢量图形中必要的线条删除，从而减小文件大小。

● 导入尽可能小的位图图像。Flash CS4 提供了 JPEG、GIF 和 PNG 三种位图压缩格式。在 Flash 中压缩位图的方法有两种：一是在"属性"面板中设置位图压缩格式；二是在发布时设置位图压缩格式。

在"属性"面板中设置位图压缩格式的具体操作步骤如下：

1）选择"窗口"｜"库"命令，调出"库"面板。

2）右击要压缩的位图，在弹出的快捷菜单中选择"属性"命令，弹出如图 3-185 所示的"位图属性"对话框。在该对话框中显示了当前位图的格式以及可压缩的格式。选择"自定义"单选按钮，可对其压缩品质进行具体设置，如图 3-186 所示。

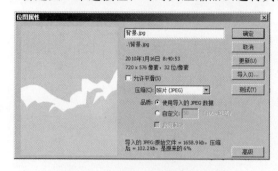

图 3-185　"位图属性"对话框

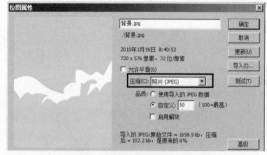

图 3-186　对位图进行 50% 的压缩

在发布时设置位图压缩格式的具体操作步骤如下：

1）选择"文件"｜"发布设置"命令，在弹出的对话框中选择 Flash 选项卡，如图 3-187 所示。

2）勾选"压缩影片"复选框，在"JPEG 品质"文本框中输入相应的数值，单击"确定"或"发布"按钮即可。

● 　限制字体和字体样式的数量。使用的字体种类越多，动画文件就越大，因此应尽量不要使用太多的不同字体，而尽可能使用 Flash 默认的字体。

（2）在制作动画时进行优化

● 　多采用补间动画。由于 Flash 动画文件的大小与帧的多少成正比，因此应尽量以补间动画的方式产生动画效果，而少用逐帧方式生成动画。

● 　多用矢量图形。由于 Flash 并不擅长处理位图图像的动画，通常只用于静态元素和背景图，而矢量图形可以任意缩放而不影响 Flash 的画质，因此在生成动画时应多用矢量图形。

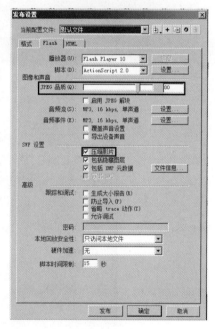

图 3-187　Flash 选项卡

● 　尽量缩小动作区域。动作区域越大，Flash 动画文件就越大，因此应限制每个关键帧中发生变化的区域，使动画发生在尽可能小的区域内。

● 　尽量避免在同一时间内多个元素同时产生动画。由于在同一时间内多个元素同时产生动画会直接影响到动画的流畅播放，因此应尽量避免在同一时间内多个元素同时产生动画。同时还应将产生动画的元素安排在各自专属的图层中，以便加快 Flash 动画的处理过程。

● 　制作小电影。为减小文件，可以将 Flash 中的电影尺寸设置得小一些，然后将其在发布为 HTML 格式时进行放大。下面举例说明一下，具体操作步骤如下：

1）在 Flash 中创建一个 400 像素 × 300 像素的动画，然后将其发布为 SWF 电影，如图 3-188 所示。

第 3 章　Flash CS4 动画基础

2）选择“文件”|“发布设置”命令，在弹出的“发布设置”对话框中选择 HTML 选项卡，然后将“尺寸”设为“像素”，大小设为 720 像素×576 像素，如图 3-189 所示，单击“发布”按钮，将其发布为 HTML 格式。接着打开发布后的 HTML，可以看到在网页中的电影尺寸放大了，而画质却丝毫未损，如图 3-190 所示。

图 3-188　创建动画并发布为 SWF 电影

图 3-189　设置 HTML 参数

图 3-190　发布为 HTML 格式

（3）在导入音乐时进行优化

Flash 支持的声音格式有 WAV 和 MP3，不支持 WMA、MIDI 音乐格式。WAV 格式文件音质比较好，但相对于 MP3 格式文件占用空间比较大，因此建议使用 MP3 格式。在 Flash CS4 中可以将 WAV 格式文件转换为 MP3 格式文件，具体操作步骤如下：

1）右击“库”面板中要转换格式的 WAV 文件。

2）在弹出的快捷菜单中选择“属性”命令，然后在弹出的“声音属性”对话框中设置“压缩”格式为 MP3，如图 3-191 所示，单击“确定”按钮即可。

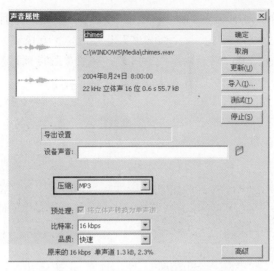

图 3-191 设置"声音属性"参数

2. 发布动画文件

Flash CS4 默认发布的动画文件为.swf 格式，具体操作步骤如下：

1）选择"文件"|"发布设置"命令，在弹出的对话框中选择"格式"选项卡，然后勾选"Flash（.swf）"复选框，如图 3-192 所示。

2）选择"Flash"选项卡，其参数设置如图 3-193 所示。

图 3-192　勾选"Flash(.swf)"复选框

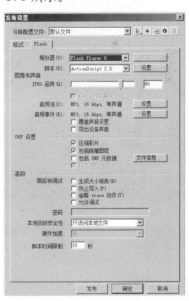

图 3-193　选择"Flash"选项卡

● 版本：用于设置输出的动画可以在哪种浏览器上进行播放。版本越低，浏览器对其兼容性越强，但低版本无法容纳高版本的 Flash 技术，播放时会失掉高版本技术创建的部分信息。版本越高，Flash 技术越多，但低版本的浏览器无法支持其播放。因此，要根据需要选择合适的版本。

● 加载顺序：用于控制在浏览器上哪一部分先显示。它有"由下而上"和"由上而下"两个选项可供选择。

● 动作脚本发布：与前面的"版本"相关联，高版本的动画必须搭配高版本的脚本程序，否则，高版本动画中的很多新技术无法实现。它有"动作脚本1.0"和"动作脚本2.0"两个选项供选择。

● 选项：常用的有"防止导入"和"压缩影片"两个功能。勾选"防止导入"复选框，可以防止别人引入自己的动画文件，并将其编译成Flash源文件。当勾选该复选框后，其下的"密码"文本框将被激活，此时可以输入密码，此后导入该swf文件将弹出如图3-194所示的对话框，只有输入正确密码后才可以导入影片，否则将弹出如图3-195所示的对话框。"压缩影片"与下面的"JPEG品质"相结合，用于控制动画的压缩比。

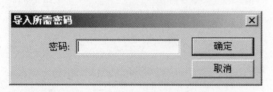
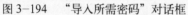

图 3-194　"导入所需密码"对话框

图 3-195　提示对话框

● 音频流：是指声音只要前面几帧有足够的数据被下载就可以开始播放了，它与网上播放动画的时间线是同步的。可以通过单击其右侧的"设置"按钮设置音频流的压缩方式。

● 音频事件：是指声音必须完全下载后才能开始播放或持续播放。可以通过单击其右侧的"设置"按钮，来设置音频事件的压缩方式。

3）设置完成后，单击"确定"按钮，即可发布文件。

⊕ 提　示

　　选择"文件"|"导出"|"导出影片"命令，也可以发布SWF格式的文件。

3.9.2　发布为非网络上播放的动画

Flash 动画除了能发布成SWF动画外，还能直接输出为MOV和AVI视频格式的动画。

1. 发布为mov格式的视频文件

发布mov格式的视频文件的具体操作步骤如下：

1）选择"文件"|"发布设置"命令，在弹出的对话框中选择"格式"选项卡，然后勾选"QuickTime(.mov)"复选框，如图3-196所示。

2）选择"QuickTime"选项卡，其参数设置如图3-197所示。

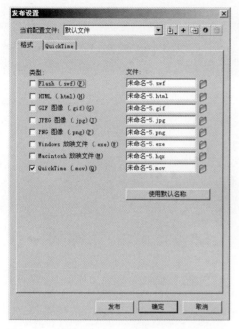

图 3-196　选中"QuickTime(.mov)"复选框

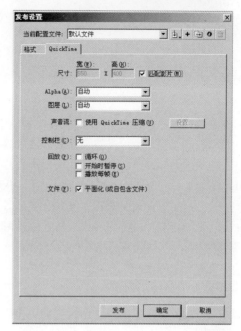

图 3-197　选择"QuickTime"选项卡

● 尺寸：用于设置输出的视频尺寸。勾选"匹配影片"复选框后，Flash 会令输出的 MOV 动画文件与动画的原始尺寸保持一致，并能确保所指定的视频尺寸的宽高比与原始动画的宽高比保持一致。

● Alpha：用于设置 Flash 动画的透明属性。它有"自动"、"Alpha 透明"和"复制"3 个选项供选择。选择"自动"选项，则 Flash 动画位于其他动画的上面时，变为透明，Flash 动画位于其他动画的最下面或只有一个 Flash 动画时，变为不透明；选择"Alpha 透明"选项，则 Flash 动画始终透明；选择"复制"选项，则 Flash 动画始终不透明。

● 图层：用于设置 Flash 动画的位置属性。它有"自动"、"顶部"和"底部"3 个选项供选择。选择"自动"选项，则在当前 Flash 动画中有部分 Flash 动画位于视频影像之上时，Flash 动画放在其他影像之上，否则将其放在其他影像之下；选择"顶部"选项，则 Flash 动画始终放在其他影像之上；选择"底部"选项，则 Flash 动画始终放在其他影像之下。

● 声音流：选中"使用 QuickTime 压缩"复选框，则在输出时程序会用标准的 QuickTime 音频设置将输入的声音进行重新压缩。

● 控制栏：用于设置播放输出的 MOV 文件的 QuickTime 控制器类型。

● 回放：用于设置 QuickTime 的播放方式。勾选"循环"复选框，则 MOV 文件将持续循环播放；勾选"开始时暂停"复选框，则 MOV 文件在打开后不自动开始播放；勾选"播放每帧"复选框，则 MOV 文件在显示动画时，播放其每一帧。

● 文件：勾选"平面化（成自包含文件）"复选框，则 Flash 的内容和输入的视频内容将合并到新的 QuickTime 文件中；如果未选中该复选框，则新的 QuickTime 文件会从外面引用输入文件，这些文件必须正常出现，MOV 文件才能正常工作。

3）设置完成后，单击"确定"按钮，即可将文件发布为 MOV 格式的视频文件。

选择"文件"|"导出"|"导出影片"命令，也可以将文件发布为 MOV 格式的视频文件。

2. 发布为 AVI 格式的视频文件

发布 AVI 格式的视频文件的具体操作步骤如下：

1) 选择"文件"|"导出"|"导出影片"命令，在弹出的对话框中设置"保存类型（T）"为"Windows AVI(*.avi)"，然后输入相应的文件名，如图 3-198 所示。

2) 单击"保存"按钮，在弹出的对话框中设置相应参数（见图 3-199），单击"确定"按钮，即可将文件发布为 AVI 格式的视频文件。

图 3-198　选择文件类型并输入文件名

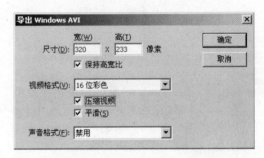

图 3-199　设置导出影片的属性

课 后 练 习

一、填空题

1. 在 Flash 中输入文本时，文本框有_____和_____两种状态。

2. 在 Flash CS4 中使用的字体可以分为_____和_____。

二、选择题

1. 下列（　　）属于 Flash 的元件类型。

　　A. 图形　　　　　　　B. 影片剪辑　　　　　　　C. 按钮　　　　　　D. 交互

2. 下列（　　）属于在 Flash CS4 中可以使用的文字滤镜。

　　A. 模糊　　　　　　　B. 发光　　　　　　　　　C. 变形　　　　　　D. 转换

三、问答题 \ 上机练习

1. 简述在 Flash CS4 中创建逐帧、形状补间、动作补间、引导线和遮罩动画的方法。

2. 简述文字滤镜的使用方法。

3. 简述将 Flash 动画输出为 AVI 和 MOV 格式的方法。

第 **4** 章

Flash CS4 动画技巧演练

本章重点

本章将从技术角度出发，通过具体典型实例讲解 Flash 逐帧动画、形状补间动画、运动补间动画的制作方法以及遮罩层和引导层在 Flash 动画片中的应用。通过本章的学习，应掌握以下内容：

- 天亮效果的制作
- 转场提示效果的制作
- 结尾黑场动画效果的制作
- 睡眠的表现效果的制作
- 骄阳光晕表现效果的制作
- 鳄鱼睁眼后眼球转动,然后灵机一动表现效果的制作

4.1 天亮效果

制作要点：

本例将制作动画片中常见的从天黑到天亮的效果，如图 4-1 所示。通过本例的学习，读者应掌握在 Flash 中制作天亮效果的方法。

图 4-1 天亮效果

图 4-2　设置文档属性

操作步骤：

1）新建一个 Flash（ActionScript 2.0）文件。

2）选择"修改"|"文档"（快捷键【Ctrl+J】）命令，在弹出的"文档属性"对话框中设置"尺寸"为"720 像素×576 像素"，"帧频"为 25fps（见图 4-2），单击"确定"按钮。

3）选择"文件"|"导入"|"导入到舞台"（快捷键【Ctrl+R】）命令，导入配套光盘中的"素材及结果 \ 第 4 章　Flash CS4 动画技巧演练 \4.1 天亮效果 \ 黑夜.jpg"图片，如图 4-3 所示。然后将其居中对齐。接着在第 35 帧按【F5】键插入普通帧，从而使时间线的总长度延长到第 35 帧。

4）新建"图层 2"，然后在第 10 帧按【F7】键插入空白关键帧。选择"文件 \ 导入 \ 导入到舞台"（快捷键【Ctrl+R】）命令，导入配套光盘中的"素材及结果 \ 第 4 章　Flash CS4 动画技巧演练 \4.1 天亮效果 \ 白天.jpg"图片，然后将其居中对齐，如图 4-4 所示。

图 4-3　"黑夜.jpg"图片　　　　　图 4-4　"白天.jpg"图片

5）制作黑夜变为白天的效果。具体操作步骤如下：选择"图层 2"中的"白天.jpg"图片，然后选择"修改"|"转换为元件"（快捷键【F8】）命令，在弹出的"转换为元件"对话框中设置参数如图 4-5 所示，单击"确定"按钮，将其转换为"白天"图形元件。接着在第 30 帧按【F6】键插入关键帧。再将第 10 帧，舞台中"白天"图形元件的 Alpha 值设置为 0%，如图 4-6 所示。

图 4-5　将"白天.jpg"转换为"白天"图形元件　　图 4-6　将"白天"图形元件的 Alpha 值设置为 0%

6）在"图层 2"的第 10～30 帧创建传统补间动画，此时时间轴分布如图 4-7 所示。

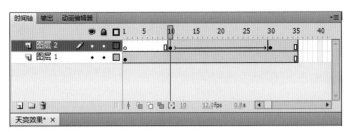

图4-7　时间轴分布

7）至此，整个动画制作完毕。按【Ctrl+Enter】组合键测试影片，即可看到从黑夜逐渐变为白天的效果，如图4-8所示。

图4-8　从黑夜逐渐变为白天的效果

4.2　转场提示效果

🧑 制作要点：

本例将制作《我要打鬼子》中的转场效果，如图4-9所示。通过本例的学习，读者应掌握在Flash中制作转场效果的方法。

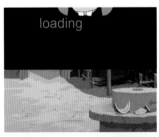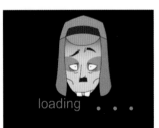

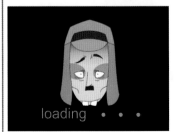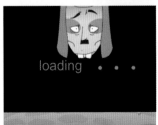

图4-9　转场提示效果

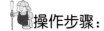操作步骤：

1．制作转场画面

1）新建一个 Flash（ActionScript 2.0）文件。

2）选择"修改"｜"文档"（快捷键【Ctrl+J】）命令，在弹出的"文档属性"对话框中设置"尺寸"为"720 像素 × 576 像素"，"帧频"为 25fps（见图 4-10），单击"确定"按钮。

3）选择"插入"｜"新建元件"（快捷键【Ctrl+F8】）命令，然后在弹出的对话框中设置参数如图 4-11 所示，单击"确定"按钮，进入"转场画面"图形元件的编辑状态。

图 4-10　设置文档属性

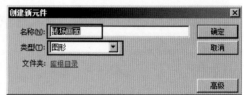

图 4-11　新建"转场画面"图形元件

4）在"转场画面"图形元件中将"图层 1"重命名为"黑色背景"，然后利用工具箱中的 ▢（矩形工具）绘制一个笔触颜色为无色，填充色为黑色（#000000）的矩形，大小为 720 像素 × 600 像素的矩形，如图 4-12 所示。

图 4-12　绘制矩形

⊕ 提示

影片的成品尺寸是 720 像素 × 576 像素，考虑到第 1 个画面被完全遮住，然后静止一段时间后再切换到第 2 个画面的过程中，还有一个转场效果中使用的先向下再向上的动作，如图 4-9 中第 3 张和第 4 张图片所示。为了避免向下的过程中出现漏白的问题，所以矩形的高度设为 600 像素，略大于影片成品的高度 576 像素。

5）新建 loading 层和"中岛头像"层，然后在 loading 层中输入文字 loading，并设置字体为 Arial，字号为 65 点，字体颜色为黄色（#C88D33）。接着在"中岛头像"层中绘制出中岛的头像。最后同时选中 3 个层的第 100 帧，按【F5】键插入普通帧，从而使时间轴的总长度延长到第 100 帧，此时画面效果和时间轴分布如图 4-13 所示。

图 4-13　分别在 loading 层和"中岛头像"层中输入文字和绘制图像

6）新建"进度中的小点"层，然后在第 23 帧按【F7】键插入空白关键帧。接着利用工具箱中的 (椭圆工具) 绘制一个笔触颜色为无色，填充色为黄色（#C88D33），大小为 18.7 像素 × 18.7 像素的圆，如图 4-14 所示。接着分别在第 30 帧和第 37 帧按【F6】键插入关键帧，并复制圆形，如图 4-15 所示。

图 4-14　绘制圆

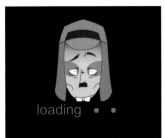

第 30 帧　　　　　　　　第 37 帧

图 4-15　分别在第 30 帧和第 37 帧复制圆

第 4 章　Flash CS4 动画技巧演练

89

7）至此，"转场画面"图形元件制作完毕，此时时间轴分布如图4-16所示。

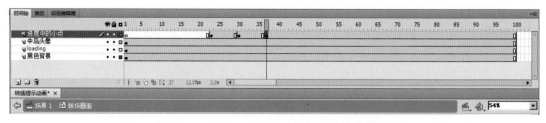

图4-16　"转场画面"图形元件的时间轴分布

2．制作画面切换动画

1）单击 场景 1 按钮，回到场景1。选择"文件｜导入｜导入到舞台"命令，导入配套光盘中的"素材及结果 \ 第4章　Flash CS4 动画技巧演练 \4.2 转场提示效果"\ "背景1.jpg"图片。然后在"对齐"面板中单击 和 按钮，将其居中对齐，如图4-17所示。接着将"图层1"重命名为"背景1"，最后在第100帧，按【F5】键插入普通帧，从而时间轴的总长度延长到第100帧。

2）新建"背景2"层，然后在第67帧按【F7】键插入空白关键帧。选择"文件"｜"导入"｜"导入到舞台"命令，导入配套光盘中的"素材及结果 \ 第4章　Flash CS4 动画技巧演练 \4.2 转场提示效果"\ "背景2.jpg"图片。然后在"对齐"面板中单击 和 按钮，将其居中对齐，如图4-18所示。

图4-17　将"背景1.jpg"居中对齐

图4-18　将"背景2.jpg"居中对齐

3）新建"转场"层，在第20帧按【F7】键插入空白关键帧。然后从库中将"转场画面"图形元件拖入舞台，放置位置如图4-19所示。接着在第30帧按【F6】键插入关键帧，将"转场画面"图形元件向下移动，与"背景1.jpg"中心对齐，从而完全遮挡住"背景1.jpg"，如图4-20所示。

图 4-19　在第 20 帧放置"转场画面"
图形元件

图 4-20　在第 30 帧将"转场画面"图形元件
与"背景 1.jpg"中心对齐

4）分别在第 67 帧、第 69 帧和第 80 帧按【F6】键插入关键帧。然后将第 69 帧中的"转场画面"图形元件稍微向下移动（见图 4-21），作为其向上移动前的一个缓冲。接着在第 80 帧按【F6】键插入关键帧，再向上移动"转场画面"图形元件，如图 4-22 所示。

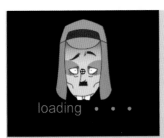

图 4-21　在第 69 帧将"转场画面"
图形元件稍微向下移动

图 4-22　在第 80 帧向上移动
"转场画面"图形元件

5）在"转场"层的第20~30帧，第67~80帧之间创建传统补间动画，然后按【Enter】键播放动画，即可看到第20~30帧，"转场画面"图形元件向下移动逐渐遮挡住"背景1. jpg"图片，第67~80帧"转场画面"图形元件先向下再向上移动逐渐显现出"背景2.jpg"图片，从而完成转场。此时时间轴分布如图4-23所示。

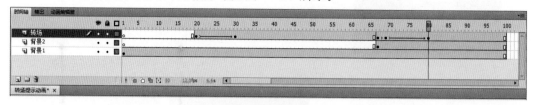

图4-23　时间轴分布

6）至此，转场提示效果制作完毕。按【Ctrl+Enter】组合键测试影片，即可看到效果，如图4-24所示。

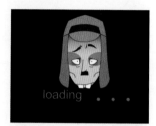

图4-24　中岛逃跑时速度线的转场提示效果

4.3　结尾黑场的动画效果

制作要点:

本例将制作动画片中常见的结尾黑场动画效果，如图4-25所示。通过本例的学习，读者应掌握在Flash中制作结尾黑场动画的方法。

图4-25　结尾黑场的动画效果

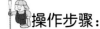操作步骤:

1)新建一个 Flash(ActionScript 2.0)文件。

2)选择"修改"|"文档"(快捷键【Ctrl+J】)命令,在弹出的"文档属性"对话框中设置"尺寸"为"720 像素×576 像素","背景颜色"为"黑色(#000000)","帧频"为 25fps(见图 4-26),单击"确定"按钮。

图 4-26 设置文档属性

3)选择"文件"|"导入"|"导入到舞台"(快捷键【Ctrl+R】)命令,导入配套光盘中的"素材及结果\第 4 章 Flash CS4 动画技巧演练\4.3 结尾黑场动画\背景.jpg"图片。然后在"对齐"面板中单击 🖵 和 🎰 按钮,将其居中对齐,如图 4-27 所示。接着在第 80 帧按【F5】键插入普通帧,从而时间轴的总长度延长到第 80 帧。

图 4-27 将置入的"背景.jpg"图片居中对齐

4)将"图层 1"重命名为"图片"层,然后新建"遮罩"层,利用工具箱中的 🔘(椭圆工具)绘制一个笔触颜色为无色,填充色为黑色,大小为 1700 像素×1700 像素的圆,如图 4-28 所示。

图 4-28 绘制一个大小为 1700 像素×1700 像素的圆

5)在"遮罩"层的第 25 帧按【F6】键插入关键帧,然后调整圆的大小为 175 像素×175 像素,放置位置如图 4-29 所示。

93

图 4-29　在第 25 帧调整圆的大小为 175 像素 × 175 像素

6）同理，在"遮罩"层的第 50 帧和第 60 帧按【F6】键插入关键帧，然后在第 60 帧调整圆的大小为 1 像素 × 1 像素。

7）在"遮罩"层的第 1~25 帧、第 50~60 帧创建形状补间动画。然后右击"遮罩"层，从弹出的快捷菜单中选择"遮罩层"命令，此时时间轴分布如图 4-30 所示。

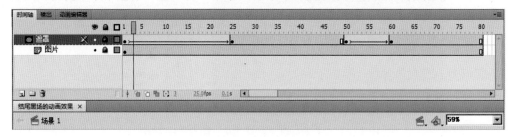

图 4-30　时间轴分布

8）至此，结尾黑场动画的效果制作完毕。按【Ctrl+Enter】组合键测试影片，即可看到效果，如图 4-31 所示。

图 4-31　结尾黑场的动画效果

⊕ 提 示

播放动画可以看到黑场动画在第 25~50 帧为静止画面，这是为了给观众留下深刻印象。

4.4　睡眠的表现效果

制作要点：

　　本例将制作动画片中常见睡眠的表现效果，如图 4-32 所示。通过本例的学习，读者应掌握在 Flash 中制作睡眠效果的方法。

图 4-32　睡眠的表现效果

操作步骤：

　　1）新建一个 Flash（ActionScript 2.0）文件。

　　2）选择"修改"｜"文档"（快捷键【Ctrl+J】）命令，在弹出的"文档属性"对话框中设置"尺寸"为"720 像素 × 576 像素"，"帧频"为 25fps，"背景颜色"为白色（#FFFFFF）（见图 4-33），单击"确定"按钮。

图 4-33　设置文档属性

　　3）选择"插入"｜"新建元件"（快捷键【Ctrl+F8】）命令，然后在弹出的对话框中设置参数（见图 4-34），单击"确定"按钮，进入"z"图形元件的编辑状态。

　　4）在"z"图形元件中，利用工具箱中的 **T**（文字工具），输入文字"z"。并设置字体为 Tahoma，字色为黄色（#FFFF00），大小为 9 点。然后按【Ctrl+B】组合键将字母分离为图形，接着选择工具箱中的 (墨水瓶工具)，设置笔触颜色为橘黄色（#FF0000），笔触宽度为 0.5 点，对其进行描边处理，结果如图 4-35 所示。

图 4-34　新建"z"图形元件　　　　　图 4-35　对文字进行描边处理

　　5）选择"插入"｜"新建元件"（快捷键【Ctrl+F8】）命令，在弹出的对话框中设置参数（见图 4-36），单击"确定"按钮，进入"睡眠"图形元件的编辑状态。

6）在"睡眠"图形元件中，从库中将"z"图形元件拖入舞台，然后右击"图层1"，从弹出的快捷菜单中选择"添加运动引导层"命令，接着利用工具箱中的 （钢笔工具）绘制路径，如图 4-37 所示。

图 4-36　新建"睡眠"图形元件　　　　图 4-37　绘制路径

7）在"引导层：图层1"的第 40 帧，按【F5】键插入普通帧。然后在"图层1"的第 40 帧按【F6】键插入关键帧。接着在第 1 帧，将"z"图形元件拖到绘制路径的底端，并在属性面板中调整其"宽度"为 3.5 像素，"高度"为 4.0 像素，Alpha 值设置为 0%，如图 4-38 所示。再在第 40 帧，将"z"图形元件拖到绘制路径的顶端，并在属性面板中调整其"宽度"为 9.7 像素，"高度"为 11.1 像素，Alpha 值设置为 30%，如图 4-39 所示。最后在"图层1"创建传统补间动画。此时时间轴分布如图 4-40 所示。

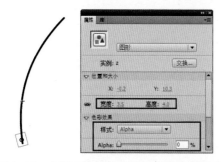

图 4-38　在第 0 帧将"z"图形元件拖到绘制路径的底端，并设置相关属性

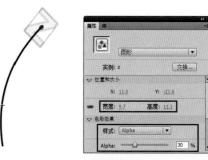

图 4-39　在第 40 帧将"z"图形元件拖到绘制路径的顶端，并设置相关属性

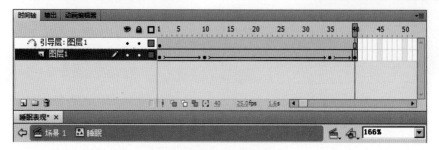

图 4-40　时间轴分布

8）分别在第10帧和第35帧按【F6】键插入关键帧。然后在属性面板中设置相关属性如图4-41所示。此时时间轴分布如图4-42所示。

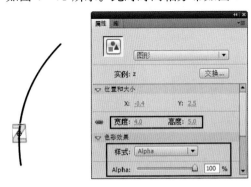

第10帧　　　　　　　　　　　　　　　　　　第35帧

图4-41　分别在第10帧和第35帧调整"z"图形元件的属性

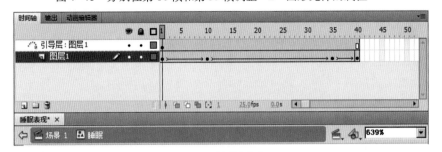

图4-42　时间轴分布

9）新建"图层2"、"图层3"和"图层4"，然后将它们放置到"图层1"的下方，如图4-43所示。然后同时选择并右击这3个图层，从弹出的快捷菜单中选择"删除帧"命令，删除所有帧，如图4-44所示。

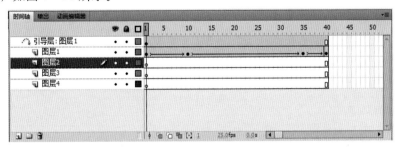

图4-43　将"图层2"、"图层3"和"图层4"放置到"图层1"的下方

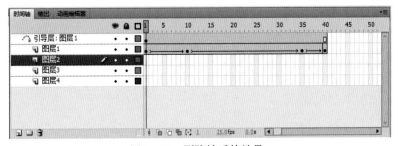

图4-44　删除帧后的效果

10）右击"图层 1"，从弹出的快捷菜单中选择"复制帧"命令。然后分别右击"图层 2"的第 15 帧，"图层 3"的第 30 帧，"图层 4"的第 45 帧，从弹出的快捷菜单中选择"粘贴帧"命令，此时时间轴分布如图 4-45 所示。

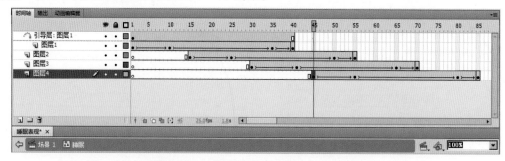

图 4-45 "睡眠"图形元件的时间轴分布

11）单击 <u>场景 1</u> 按钮，回到场景 1。然后利用准备好的鳄鱼相关素材拼合成鳄鱼角色，如图 4-46 所示。接着将"图层 1"重命名为"鳄鱼"。

12）新建"睡眠"层，然后从库中将"睡眠"图形元件拖入舞台，放置位置如图 4-47 所示。接着同时选择"鳄鱼"和"睡眠"层的第 85 帧，按【F5】键插入普通帧，从而使时间轴的总长度延长到第 85 帧。此时时间轴分布如图 4-48 所示。

图 4-46 利用准备好的鳄鱼相关　　　　　图 4-47 从库中将"睡眠"图形元件
　　　素材拼合成鳄鱼角色　　　　　　　　　　拖入舞台并放置到适当位置

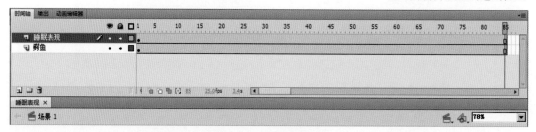

图 4-48 时间轴分布

13）至此，鳄鱼角色的睡眠效果制作完毕。下面按【Ctrl+Enter】组合键测试影片，即可看到效果，如图 4-49 所示。

图4-49　鳄鱼睡眠的表现效果

4.5　骄阳光晕的表现效果

制作要点：

　　　本例将制作动画片中常见的天空中骄阳光晕的表现效果，如图4-50所示。通过本例的学习，读者应掌握在Flash中制作骄阳光晕效果的方法。

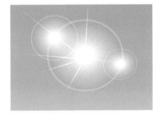

图4-50　骄阳光晕的表现效果

操作步骤：

　　1．制作小光圈放大后再缩小的动画

　　1）新建一个 Flash（ActionScript 2.0）文件。

　　2）选择"修改"｜"文档"（快捷键【Ctrl+J】）命令，在弹出的"文档属性"对话框中设置"尺寸"为"720 像素×576 像素"，"帧频"为25fps（见图4-51），单击"确定"按钮。

　　3）选择"插入"｜"新建元件"（快捷键【Ctrl+F8】）命令，然后在弹出的对话框中设置参数（见图4-52），单击"确定"按钮，进入"光圈"图形元件的编辑状态。

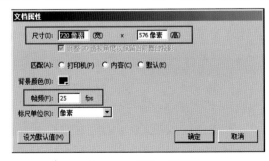

图4-51　设置文档属性

图4-52　新建"光圈"图形元件

4）在"光圈"图形元件中利用工具箱中的 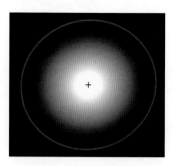（椭圆工具）绘制一个大小为 220 像素 × 220 像素，笔触颜色为无色，填充色设置如图 4-53 所示的圆，绘制结果如图 4-54 所示。

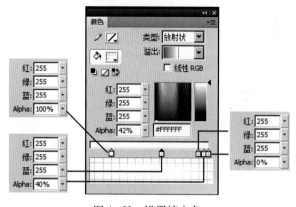

图 4-53　设置填充色

图 4-54　绘制圆

5）选择"插入"｜"新建元件"（快捷键【Ctrl+F8】）命令，然后在弹出的对话框中设置参数（见图 4-55），单击"确定"按钮，进入"小光圈缩放动画"图形元件的编辑状态。

6）在"小光圈缩放动画"图形元件中，将库中的"光圈"图形元件拖入舞台，并中心对齐。然后分别在第 17 帧和第 34 帧按【F6】键插入关键帧。接着将第 17 帧舞台中的"光圈"图形元件放大为 230 像素 × 230 像素，最后创建第 1～34 帧之间的传统补间动画，此时时间轴分布如图 4-56 所示。

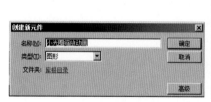

图 4-55　新建"小光圈缩放动画"图形元件　　图 4-56　　"小光圈缩放动画"图形元件的时间轴分布

2．制作小光圈变形动画

1）选择"插入"｜"新建元件"（快捷键【Ctrl+F8】）命令，然后在弹出的对话框中设置参数（见图 4-57），单击"确定"按钮，进入"小光圈变形动画"图形元件的编辑状态。

2）在"小光圈变形动画"图形元件中，将库中的"光圈"图形元件拖入舞台，并中心对齐。然后在属性面板中调整"光圈"图形元件的大小为 160 像素 × 160 像素，如图 4-58 所示。接着分别在第 15 帧和第 30 帧按【F6】键插入关键帧。最后将第 15 帧舞台中的"光圈"图形元件放大为 195 像素 × 185 像素，如图 4-59 所示。最后创建第 1～30 帧之间的传统补间动画，从而制作出光圈变大后再变小的动画。此时时间轴分布如图 4-60 所示。

图 4-57　新建"小光圈变形动画"图形元件

图 4-58　调整"光圈"图形元件为 160 像素×160 像素

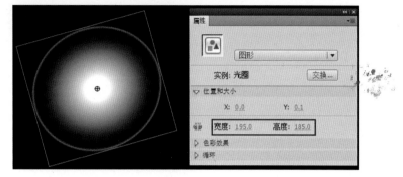

图 4-59　将第 15 帧舞台中的"光圈"图形元件放大为 195 像素×185 像素

图 4-60　"小光圈变形动画"图形元件的时间轴分布

3．制作大光圈缩小后再放大的动画

1）选择"插入"|"新建元件"（快捷键【Ctrl+F8】）命令，然后在弹出的对话框中设置参数如图 4-61 所示，单击"确定"按钮，进入"大光圈缩放动画"图形元件的编辑状态。

2）在"大光圈缩放动画"图形元件中，将库中的"光圈"图形元件拖入舞台，并调整大小为 375 像素× 375

图 4-61　新建"大光圈缩放动画"图形元件

像素，如图 4-62 所示。然后分别在第 17 帧和第 34 帧按【F6】键插入关键帧。接着在第 17 帧，将舞台中的"光圈"图形元件调整为 350 像素×350 像素，如图 4-63 所示。最后创建第 1～34 帧之间的传统补间动画，从而制作出光圈变小后再变大的效果，此时时间轴分布如图 4-64 所示。

第 4 章　Flash CS4 动画技巧演练

图 4-62　调整大小为 375 像素 × 375 像素　　　图 4-63　调整大小为 350 像素 × 350 像素

图 4-64　"大光圈缩放动画"图形元件的时间轴分布

4．制作光芒旋转动画

1）选择"插入"|"新建元件"（快捷键【Ctrl+F8】）命令，然后在弹出的对话框中设置参数如图 4-65 所示，单击"确定"按钮，进入"光芒"图形元件的编辑状态。

图 4-65　新建"光芒"图形元件

2）在"光芒"图形元件中，利用 ＼（线条工具）绘制一条笔触宽度为 4 像素，笔触颜色如图 4-66 所示的直线。然后利用工具箱中的 ▦（渐变变形工具）调整渐变色的方向，如图 4-67 所示。

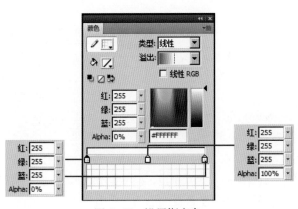

图 4-66　设置渐变色

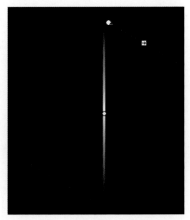

图 4-67　调整渐变色的方向

3）为了防止光芒间的互相影响，下面选择"修改"|"组合"（快捷键【Ctrl+G】）命令，将渐变后的直线组合。

4）同理，制作出其余光芒。然后根据需要将它们旋转一定角度，如图4-68所示。

5）选择"插入"|"新建元件"（快捷键【Ctrl+F8】）命令，然后在弹出的对话框中设置参数如图4-69所示，单击"确定"按钮，进入"光芒旋转动画"图形元件的编辑状态。

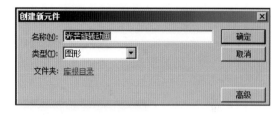

图4-68　整体光芒效果　　　　　　图4-69　新建"光芒旋转动画"图形元件

6）在"光芒旋转动画"图形元件中，将"光芒"图形元件拖入舞台并中心对齐，如图4-70所示。然后分别在第17帧和第34帧按【F6】键插入关键帧。接着将第17帧的"光芒"图形元件旋转一定角度，如图4-71所示。最后创建第1～34帧之间的传统补间动画，从而制作出光芒旋转的效果，此时时间轴分布如图4-72所示。

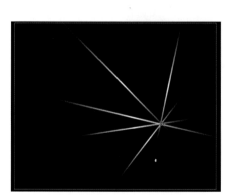

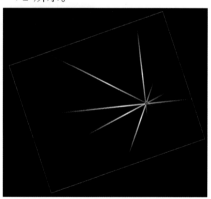

图4-70　将"光芒"图形元件拖入　　　图4-71　将第17帧的"光芒"图形元件

　　　　舞台并中心对齐　　　　　　　　　　　旋转一定角度

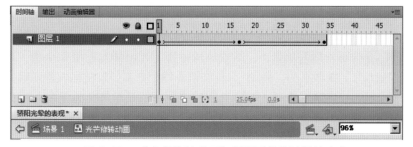

图4-72　"光芒旋转动画"图形元件的时间轴分布

5．制作光芒和光圈组合动画

1）选择"插入"|"新建元件"（快捷键【Ctrl+F8】）命令，然后在弹出的对话框中设置参数如图4-73所示，单击"确定"按钮，进入"光圈和光芒组合动画"图形元件的编辑状态。

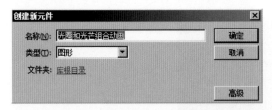

图4-73　新建"光芒和光圈组合动画"图形元件

2）在"光圈和光芒组合动画"图形元件中，从库中将"小光圈缩放动画"、"小光圈变形动画"、"大光圈缩放动画"和"光芒旋转动画"图形元件拖入舞台，放置位置如图4-74所示。然后在时间轴的第34帧按【F5】键插入普通帧。此时时间轴分布如图4-75所示。

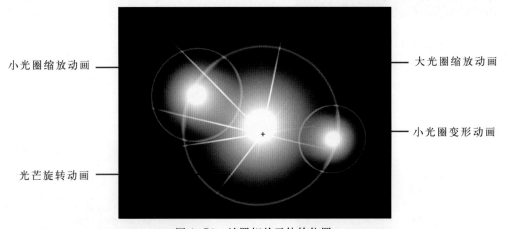

图4-74　放置相关元件的位置

图4-75　"光圈和光芒组合动画"图形元件时间轴分布

3）单击 场景1 按钮，回到场景1。然后从库中将"光圈和光芒组合动画"图形元件拖入舞台，并将"图层1"重命名为"骄阳"，再在第34帧按【F5】键插入普通帧。接着新建"天空"层，然后利用工具箱中的 [ ]（矩形工具）绘制一个笔触颜色为无色，填充色为蓝-白线性渐变，大小为720像素×576像素的矩形，如图4-76所示。此时时间轴分布如图4-77所示。

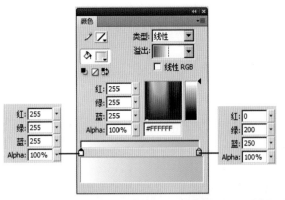

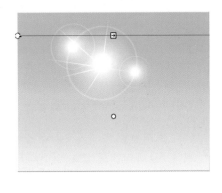

图 4-76　绘制矩形作为背景

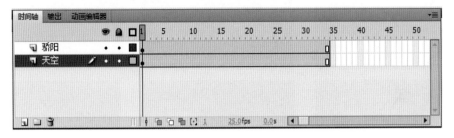

图 4-77　绘制矩形作为背景

4）至此，骄阳光晕的表现效果制作完毕。按【Ctrl+Enter】组合键测试影片，即可看到效果，如图 4-78 所示。图 4-79 所示为 Flash 动画片《我要打鬼子》中骄阳光晕的表现效果。

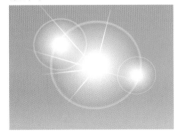
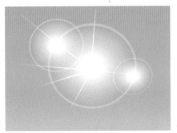

图 4-78　骄阳光晕的表现效果

图 4-79　Flash 动画片《我要打鬼子》中骄阳光晕的表现效果

4.6　鳄鱼睁眼后眼球转动,然后灵机一动的表现效果

制作要点:

　　本例将制作《我要打鬼子》中鳄鱼睁开眼后眼球转动，然后灵机一动的效果,如图4-80所示。通过本例的学习，读者应掌握在Flash中制作动画中常见角色转动眼球后灵机一动的表现效果的方法。

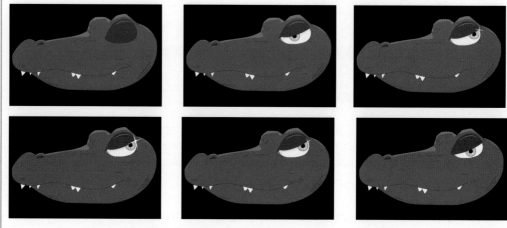

图4-80　鳄鱼睁开眼后眼球转动，然后灵机一动的表现效果

操作步骤:

1. 制作鳄鱼睁开眼后眼球转动的效果

1) 新建一个Flash（ActionScript 2.0）文件。

2) 选择"修改"|"文档"（快捷键【Ctrl+J】）命令，在弹出的"文档属性"对话框中设置"尺寸"为"720像素×576像素"，"背景颜色"为黑色（#000000），"帧频"为25fps（见图4-81），单击"确定"按钮。

图4-81　设置文档属性

3）选择"插入"|"新建元件"（快捷键【Ctrl+F8】）命令，然后在弹出的对话框中设置参数如图4-82所示，单击"确定"按钮，进入"鳄鱼睁眼后眼球转动效果"图形元件的编辑状态。接着将"图层1"重命名为"鳄鱼头"，再绘制图形如图4-83所示。最后在第70帧按【F5】键插入普通帧，从而将时间轴的总长度延长到第70帧。

图4-82　新建"鳄鱼睁眼后眼球转动
效果"图形元件

4）新建"眼睛"层，然后绘制闭眼的图形如图4-84所示。

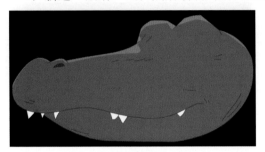

图4-83　绘制鳄鱼头的图形

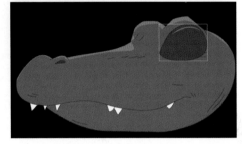

图4-84　绘制闭眼的图形

5）分别在"眼睛"层的第15帧、第19帧、第27帧、第29帧、第31帧、第33帧、第55帧和第57帧按【F6】键插入关键帧，然后分别绘制和调整图形的形状，如图4-85所示。此时时间轴分布如图4-86所示。

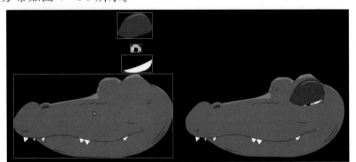

第15帧

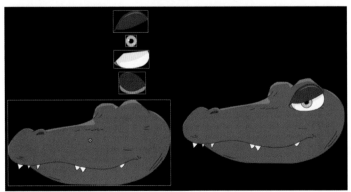

第19帧

图4-85　在不同帧中分别绘制和调整图形的形状

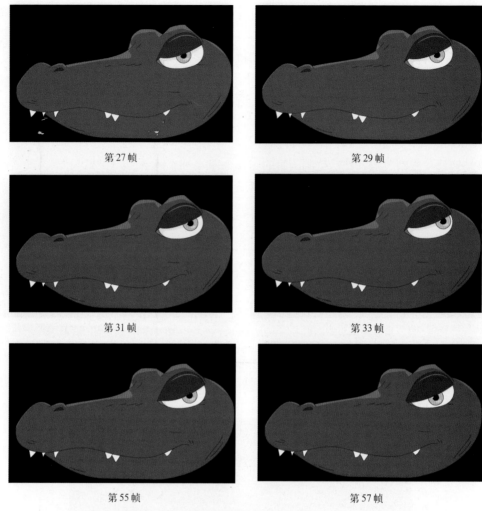

第27帧　　　　　　　　　　　　　第29帧

第31帧　　　　　　　　　　　　　第33帧

第55帧　　　　　　　　　　　　　第57帧

图4-85　在不同帧中分别绘制和调整图形的形状（续）

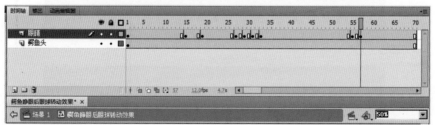

图4-86　"鳄鱼睁眼后眼球转动效果"图形元件的时间轴分布

2．制作鳄鱼睁开眼后灵机一动的效果

1）选择"插入"｜"新建元件"（快捷键【Ctrl+F8】）命令，然后在弹出的对话框中设置参数如图4-87所示，单击"确定"按钮，进入"光芒"图形元件的编辑状态。接着在"光芒"图形元件利用工具箱中的██（多角星形工具）和██（椭圆形）绘制光芒图形如图4-88所示。

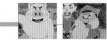

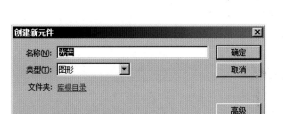

图 4-87　新建"光芒"图形元件

图 4-88　绘制光芒图形

⊕ 提　示

　　"光芒"图形中星形的绘制方法是选择工具箱中的 （多角星形工具），然后在属性面板中单击"选项"按钮，如图 4-89 所示。接着在弹出的"工具设置"对话框中设置参数如图 4-90 所示，单击"确定"按钮，再在舞台中进行拖拉即可完成。

图 4-89　单击"选项"按钮

图 4-90　设置参数

　　2）选择"插入"｜"新建元件"（快捷键【Ctrl+F8】）命令，然后在弹出的对话框中设置参数如图 4-91 所示，单击"确定"按钮，进入"光芒闪动"图形元件的编辑状态。接着从库中将"光芒"图形元件拖入舞台，然后适当缩放大小，并中心对齐，如图 4-92 所示。

图 4-91　新建"光芒闪动"图形元件

图 4-92　调整"光芒"图形元件的大小

3）分别在第 3 帧、第 13 帧和第 15 帧按【F6】键插入关键帧。然后调整第 3 帧和第 13 帧中"光芒"图形元件的大小参数如图 4-93 所示，调整第 15 帧中"光芒"图形元件的大小与第 1 帧相同。

⊕ 提 示

在第 16 帧插入空白关键帧是为了使光芒闪动的效果只持续 15 帧。

4）创建第 1~3 帧的传统补间动画的旋转为"顺时针"1 次。同理分别创建第 3~13 帧，第 13~15 帧的传统补间动画的旋转为"顺时针"1 次。此时时间轴分布如图 4-94 所示。

图 4-93　调整第 3 帧和第 13 帧中

"光芒"图形元件的大小

图 4-94　"光芒闪动"图形

元件的时间轴分布

5）按【Enter】键播放动画，即可看到光芒闪动的效果。

6）在库中双击"鳄鱼睁眼后眼球转动效果"图形元件，重新进入编辑状态。然后新建"闪烁"层，在第 37 帧按【F7】键插入空白关键帧。接着从库中将"光芒闪动"图形元件拖入舞台，放置位置如图 4-95 所示。最后在第 52 帧按【F7】键插入空白关键帧，此时时间轴分布如图 4-96 所示。

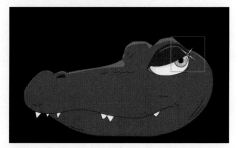

图 4-95　放置"光芒闪动"图形元件的位置

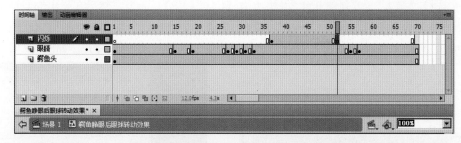

图 4-96　"鳄鱼睁眼后眼球转动效果"图形元件的时间轴分布

7）单击 场景1 按钮，回到场景 1。然后从库中将"鳄鱼睁眼后眼球转动效果"拖入舞台，接着在第 70 帧按【F5】键插入普通帧，从而使时间轴的总长度延长到第 70 帧。此时时间轴分布如图 4-97 所示。

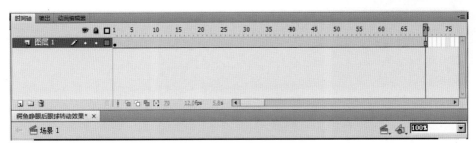

图4-97　时间轴分布

8）至此，鳄鱼睁开眼后眼球转动，然后灵机一动的表现效果制作完毕。按【Ctrl+Enter】组合键测试影片，即可看到效果，如图4-98所示。图4-99所示为Flash动画片《我要打鬼子》中鳄鱼睁开眼后眼球转动，然后灵机一动的表现效果。

第4章　Flash CS4 动画技巧演练

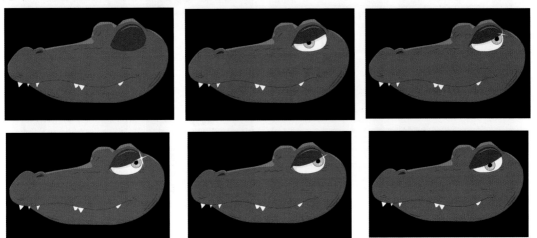

图4-98　鳄鱼睁开眼后眼球转动，然后灵机一动的表现效果

图4-99　Flash动画片《我要打鬼子》中鳄鱼睁开眼后眼球转动，然后灵机一动的表现效果

课 后 练 习

1．制作如图4-100所示的日出的动画效果，结果可参考配套光盘中的"课后练习\第4章 Flash CS4动画技巧演练\练习1\日出-完成.fla"文件。

图 4-100　日出的动画效果

　　2．制作如图 4-101 所示的画卷展开效果，结果可参考配套光盘中的"课后练习＼第4章 Flash CS4 动画技巧演练＼练习 2＼展开的画卷.fla"文件。

图 4-101　展开的画卷效果

第 **5** 章

运 动 规 律

本章重点

要制作一部好的动画片，就要懂得各类形体的运动规律，并熟练掌握表现这些运动规律的动画技巧。只有这样才能配合原画完成动画中复杂多变的动画过程，制作出完美的Flash 动画片。通过本章的学习，应掌握以下内容：

- 曲线运动动画技法
- 人物的基本运动规律
- 动物的基本运动规律
- 自然现象的基本规律
- 动画中的特殊技巧

5.1 曲线运动动画技法

曲线运动是动画片绘制工作中经常运用的一种运动规律，它能使人物、动物的动作以及自然形态的运动产生柔和、圆滑、优美的韵律感，并能帮助我们表现各种细长、轻薄、柔软和富有韧性、弹性物体的质感。Flash 动画片中的曲线运动，大致可归纳为弧形运动、波浪形运动和 S 形运动 3 种类型。下面进行具体讲解。

5.1.1 弧形运动

凡物体的运动线成弧形的，均称为弧形曲线运动。弧形曲线运动有以下 3 种形式：

1. 抛物线

比如用力抛出去的球、手榴弹以及大炮射出的炮弹等，由于受到重力及空气阻力的作用，被迫不断地改变其运动方向，它们不是呈直线运动的，而是以一条弧线（即抛物线）的轨迹运动的，如图 5-1 所示。

表现弧形曲线（抛物线）运动的方法很简单。需要注意两点：一是抛物线弧度大小的前后变化；二是掌握好运动过程中的加减速度。

2. 一端固定，另一端受到力的作用呈弧线运动

比如人的四肢的一端是固定的，当四肢摆动时，其运动轨迹成弧形曲线而不是直线，如图 5-2 所示。

3．受到力的作用，物体本身出现弧形的"形变"，其两端的运动也是弧形曲线，但弹回时会出现波形曲线

比如球体落在薄板上形成的弹性运动，如图 5－3 所示。

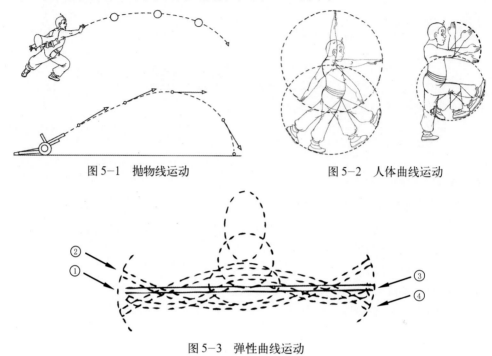

图 5-1　抛物线运动　　　　　　　　　图 5-2　人体曲线运动

图 5-3　弹性曲线运动

5.1.2　波浪形运动

比较柔软的物体在受到力的作用时，其运动成波浪形，称为波浪形运动。

比如旗杆上的旗帜、束在身上的绸带等，当受到风力的作用时，就会出现波浪形运动，如图 5－4 所示。旗帜上下两边一浪接着一浪，侧面看，其自上而下波动。又如麦浪、海浪也是波浪形运动。

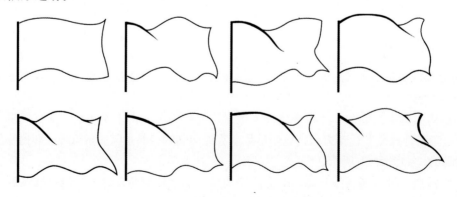

图 5-4　旗帜波浪形运动的基本规律

在表现波浪形运动时，要注意顺着力的方向，一波接一波的顺序推进，中途不可改变方向，同时要注意速度的变化，使动作顺畅、圆滑，保持有节奏的韵律感，波浪形的大小

也应有所变化。另外，需要注意的是，细长的物体做波浪形运动时，其尾端顶点的运动线往往是 S 形曲线，而不是弧形曲线，如图 5-5 所示。

图 5-5　绸带的 S 形运动

5.1.3　S 形运动

　　S 形运动的特点：一是物体本身在运动中呈 S 形；二是其尾端顶点的运动线也呈 S 形。最典型的 S 形运动是动物的长尾巴。比如松鼠、马、猫甩动尾巴，当尾巴甩出去时，是一个 S 形，再甩回来，又是一个相反的 S 形。当尾巴来回摆动时，正反两个 S 形就连接成一个 "8" 形运动线，如图 5-6 所示。

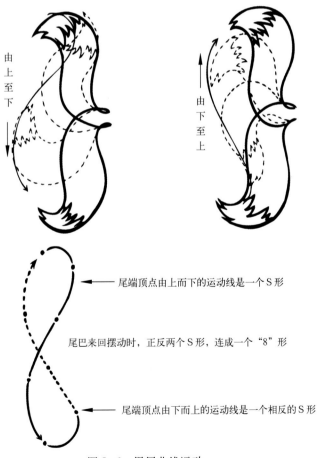

由上至下

由下至上

尾端顶点由上而下的运动线是一个 S 形

尾巴来回摆动时，正反两个 S 形，连成一个 "8" 形

尾端顶点由下而上的运动线是一个相反的 S 形

图 5-6　甩尾曲线运动

5.2   人物的基本运动规律

在 Flash 动画片中，角色的表现占很大比例，即使是动物题材的角色，也需要大量的拟人化处理。所以，研究人的运动规律和表现人的活动是非常重要的。

人的动作是复杂的，但并不是不可捉摸的。由于人的活动受到人体骨骼、肌肉、关节的限制，日常生活中虽然有年龄、性别、体型方面的差异，但基本规律是相似的，比如人的走路、奔跑和跳跃等。只要掌握了这些运动规律，再按照剧情的要求和角色造型的特点加以发挥和变化也就不难了。

5.2.1   走路动作

走路是人生活中最常见的动作之一。人走路的特点是两脚交替向前带动身躯前进，两手交替摆动，使动作得到平衡，如图 5-7 所示。

图 5-7   人走路时的运动规律

人走路下肢的规律是：脚跟先着地，踏平，然后脚跟抬起，脚尖再离地，接着又是脚跟着地；人走路上肢的规律是：手掌指头放松，前后摆动，手运动到前方时，肘腕部提高，稍向内弯。一般情况下，走得越慢，步子越小，离地悬空过程越低，手的前后摆动幅度越小；反之，走快时手脚的运动幅度较大，抬得也高些。

5.2.2   奔跑动作

人在奔跑时的手脚交替规律和走步时是基本一样的，只是运动的幅度更加激烈。

人奔跑的运动规律是：身体要略向前倾，步子要迈得大。两手自然握拳（不要握得太

紧），手臂要曲起来前后摆动，抬得要高些，甩得用力些。腿的弯曲幅度要大，每步蹬出的弹力要强，脚一离地，就要迅速弯曲起来往前运动。身躯前进的波浪式运动曲线比走路时更大，如图5-8所示。

图5-8　人奔跑时的运动规律

5.2.3　跳跃动作

人的跳跃动作往往是指人在行进过程中跳过障碍、越过沟壑、或者人在兴高采烈时欢呼跳跃等所产生的运动。

（1）人跳跃动作的基本规律

人跳跃动作由身体屈缩、蹬腿、腾空、着地、还原等几个动作姿态所组成。

人跳跃的运动规律是：人在起跳前身体的屈缩表示动作的准备和力量的积聚。然后一股爆发力单腿或双腿蹬起，使整个身体腾空向前。接着越过障碍之后双脚先后或同时落地，由于自身的重量和调整身体的平衡，必然产生动作的缓冲，随即恢复原状，如图5-9所示。

（2）人跳跃动作的运动线

人在跳跃过程中，运动线呈现弧形抛物线状。这一弧形运动线的幅度会根据用力大小和障碍物高低产生不同的差别。图5-10所示为单脚跨跳和双脚蹦跳动作的效果比较。

第5章　运动规律

小姑娘跳起扑向蝴蝶前的准备动作 2，然后跳起
腾空双手扑蝶 3~4，落下着地后的缓冲 5，然后
站立 6

1   2   3   4   5   6

图 5-9   人跳跃的基本运动规律

(a) 单脚跨跳动作

(b) 双脚蹦跳动作

图 5-10   人跳跃的运动线

5.3   动物的基本运动规律

5.3.1   鸟类的运动规律

　　飞禽有很多共同之处，比如都能飞行，多用两条腿站立等。但也有很多不同之处。这里主要介绍几种常见飞禽的运动规律，作为动画专业研究的借鉴。

1. 大雁

大雁走路的运动规律是：身体向两侧晃动，尾部随着换脚而左右摇摆。跨步时脚提得较高，蹼趾在离地后弯曲收起，踏地时张开。图5-11所示为大雁走路的一个动作循环分析图。

1　　2　　3　　4　　5　　6　　7

图5-11　大雁走路的一个动作循环分析图

大雁飞行的运动规律是：两翼向下扑时因翼面用力拉下过程与空气相抗，翼尖向上弯曲，带动整个身体前进。往上收回时，翼尖向下弯曲，主羽散开让空气易于滑过。回收动作完成后再向下扑，开始一个新的循环。图5-12（a）所示为大雁飞行的一个动作循环分析图，图5-12（b）所示为大雁飞行时的身体上下浮动曲线。

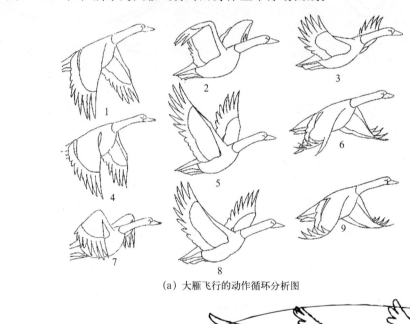

（a）大雁飞行的动作循环分析图

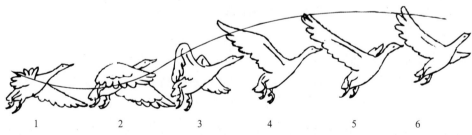

1　　2　　3　　4　　5　　6

（b）大雁飞行时的身体上下浮动曲线

图5-12　大雁飞行的运动规律

2. 鹤

鹤腿部细长，常踏草涉水步行觅食，能飞善走。

鹤走路的运动规律是：提腿跨步屈伸动作，幅度大而明显。图5-13所示为鹤走路的动作循环分析图。

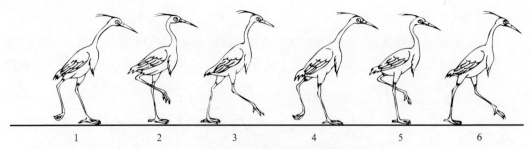

图 5-13 鹤走路的动作循环分析图

鹤飞行的运动规律是：扇翅动作比较缓慢，翼扇下时展得略开，动作有力，抬起时比较收拢，动作柔和。图 5-14 所示为鹤飞行的动作循环分析图。

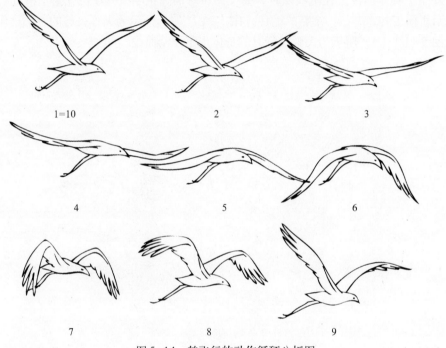

图 5-14 鹤飞行的动作循环分析图

3. 鹰

鹰飞行的运动规律是：能在空中长时间滑翔，在发现猎物后进行俯冲，抓掠而去。鹰俯冲时先收起双爪，然后直冲而下，快着地时用两翼控制下冲速度，翅膀弯曲成环形，尾向下展开，轻轻降落，双腿的动作减缓了俯冲速度，双翼高举片刻之后才收起来。图 5-15（a）所示为鹰飞行的动作分析图，图 5-15（b）所示为鹰俯冲动作的分析图。

图 5-15 鹰飞行的运动规律

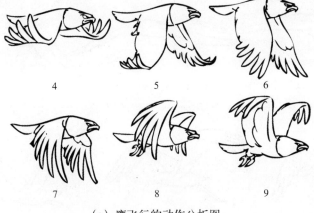

（a）鹰飞行的动作分析图

（b）鹰俯冲动作的分析图

图 5-15　鹰飞行的运动规律（续）

4．燕鸥

燕鸥的翼能伸展得很宽，翼身甚薄，相当狭窄，适合长距离飞行和滑翔。

燕鸥飞行的运动规律是：翅膀下扑时翼尖稍向上弯，翼"肘"下扑到240°左右，"腕"部继续下扑；回收时，"肘"部先提起，然后"腕"部跟着往上回收，动作结束时"肘"和"腕"呈现 V 形，再做新的循环，每次扇动大约用 1 秒时间。图 5-16 所示为燕鸥飞行的动作循环分析图。长翼鸟类都采用这类飞行动作。

图 5-16　燕鸥飞行的动作循环分析图

图 5-16 燕鸥飞行的动作循环分析图（续）

5. 麻雀

麻雀身体短小，羽翼不大，嘴小脖子短，动作轻盈灵活，飞行速度较快。

麻雀飞行的运动规律是：动作快而急促，常伴有短暂的停顿，琐碎而不稳定。飞行速度快，羽翼扇动频繁，每秒可扇动十余次，因此往往不容易看清羽翼的扇动过程。图 5-17（a）所示为麻雀飞行的动画分析图。在动画片中，一般用流线虚影表示羽翼的快速，如图 5-17（b）所示。

（a）麻雀飞行的动画分析图　　　　　　　　　（b）用流线虚影表示羽翼的快速

图 5-17　麻雀飞行的运动规律

麻雀能窜飞，并且喜欢跳步。图 5-18 所示为麻雀跳步的动作分析图。画眉、黄莺、山雀等小鸟的运动规律和麻雀相同。

图 5-18　麻雀的跳步动作分析图

6. 蜂鸟

蜂鸟身轻翼小，无法做滑翔动作，但却能向前飞或退后飞，此外还有一种高超的飞行技巧——悬空定身。

蜂鸟飞行的运动规律是：翼向前划时，翼缘稍倾，形成一个迎角，产生升力而无冲力；向后划时，翼做180°转向后方，得到相应的升力，并无前推作用，因此能悬空定身。图5-19所示为蜂鸟飞行的动作循环分析图。

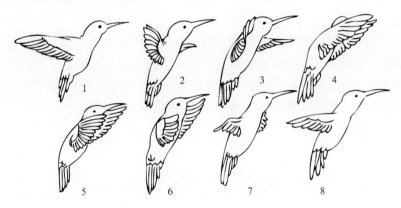

图5-19　蜂鸟飞行的动作循环分析图

5.3.2　兽类的运动规律

兽类可以分为蹄类和爪类两种，下面分别来说明一下它们的运动规律。

1. 蹄类

蹄类动物一般属食草类动物。脚上长有坚硬的脚壳（蹄），有的头上还生有一对自卫用的"武器"——角。蹄类动物身体肌肉结实，动作刚健、形体变化较小，能奔善跑。如马、牛、羊、鹿等。下面以马为例，说明一下蹄类动物的运动规律。

马的运动规律分为行走、小跑、快跑和奔跑几种，下面分别进行说明。

（1）行走

马行走的运动规律是：依照对角线换步法，即左前、右后、右前、左后依次交替的循环步法。一般慢走每走一步大约一秒半的时间，也可慢些或快些，视规定情景而定。慢走的动作，腿向前运动时不宜抬得过高，如果走快步，腿可以抬高些。前肢和后腿运动时，关节弯曲方向是相反的，前肢腕部向后弯时，后肢根部向前弯。另外走路时头部动作要配合，前足跨出时头低下，前足着地时头抬起。图5-20所示为马行走的动作分析图。

图5-20　马行走的动作分析图

图 5-20　马行走的动作分析图（续）

（2）小跑

马小跑的运动规律是：依照对角线换步法，和慢走稍有不同的是，对角线上的两足同时离地同时落地。四足向前运动时要提得高，特别是前足提得更高些。身躯前进时要有弹跳感。对角两足运动成直线时身躯最高，成倾斜线时身躯最低。动作节奏是四足落地时快，运动过程中两头快、中间慢。图 5-21 所示为马小跑的动作分析图。

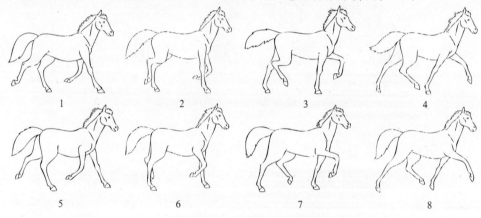

图 5-21　马小跑的动作分析图

（3）快跑

马快跑的运动规律是：不用对角线的步法，而是左前、右前、左后、右后交换的步法，即前两足和后两足的交换。前进时身躯的前后部有上下跳动的感觉。快跑时，步子跨出的幅度较大，第一个起点与第二个落点之间的距离可达一个多身长，速度大约是每秒两个步长。图 5-22 所示为马快跑的动作分析图。

图 5-22　马快跑的动作分析图

图 5-22 马快跑的动作分析图（续）

（4）奔跑

马奔跑的运动规律是：两前足和两后足交换。四足运动时充满弹力，给人以蹦跳出去的感觉，迈出步子的距离较大，并且常常只有一只脚与地面接触，甚至全部腾空。每个循环步伐之间着地点的距离可达身体三四倍的长度。图 5-23 所示为马奔跑的动作分析图。

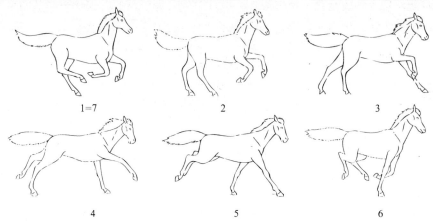

图 5-23 马奔跑的动作分析图

2．爪类

爪类动物一般属食肉类动物。身上长有较长的兽毛，脚上有尖利的爪子，脚底上有富有弹性的肌肉。爪类动物身体肌肉柔韧、表层皮毛松软、能跑善跳、动作灵活、姿态多变。如狮、虎、豹、狼、狐、熊、猫、狗等。

爪类动物的运动规律分为行走和奔跑两种，下面分别进行说明。

（1）行走

爪类动物行走的运动规律是：成对角线的步法。所有的猫科动物都符合这一规律。老虎行走时身体起伏较大，绘图时要注重表现肩胛骨和盆骨的变化。图 5-24 所示为老虎行走的动作分析图。

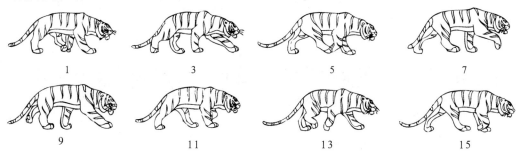

图 5-24 老虎行走的动作分析图

图5-24　老虎行走的动作分析图（续）

（2）奔跑

爪类动物奔跑的步法基本上和蹄类动物相同，属前肢与后肢交换的步法。图5-25所示为狮子跳跃的动作分析图。

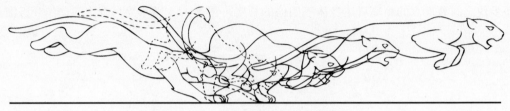

图5-25　狮子跳跃的动作分析图

5.3.3　爬行类的运动规律

1．有足爬行类

有足爬行类以龟为例，它的腹背长有坚硬的甲壳，因此体态不会有任何变化（动画片里的夸张除外）。乌龟的头、四肢和尾巴均能缩入甲壳内。

龟的运动规律是：爬行时，四肢前后交替运动，动作缓慢，时有停顿。头部上下左右转动灵活，如果受到惊吓，头部会迅速缩入硬壳之中。图5-26所示为乌龟爬行的动作分析图。

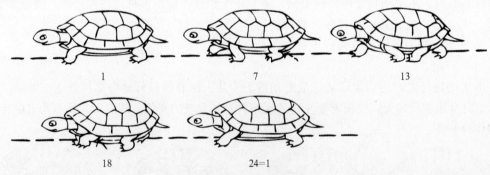

图5-26　乌龟爬行的动作分析图

有足爬行类以鳄鱼为例，其动作的规律是：爬行时，头与前肢一起转动或向相反的方向转动。尾根与后腿一起动。尾巴的其余部分像一根鞭子一样摆动。图5-27所示为鳄鱼爬行的动作循环分析图。

图5-28所示为蜥蜴爬行的动作分析图。

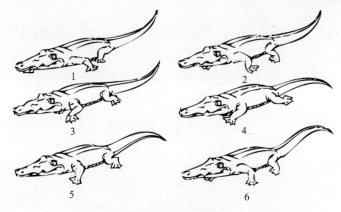

图5-27 鳄鱼爬行的动作循环的分析图

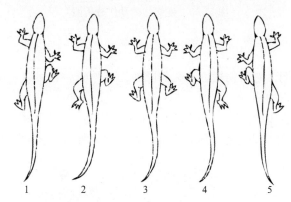

图5-28 蜥蜴爬行的动作分析图

2.无足爬行类

无足爬行类以蛇为例，它身圆而细长，身上有鳞。

蛇的运动规律是：向前游动时，身体向两旁做 S 形曲线运动。头部微微离地抬起，左右摆动幅度较小，随着动力的增大并向身体后面传递，越到尾部摆动的幅度越大。蛇的形态除了游动前进外，还可以卷曲身体团成盘状。当发现猎物时，迅速出击。另外，蛇还常常昂起扁平的三角形蛇头，不停地从口中伸出它的感觉器官——细长而前端分叉的舌头，使人望而生畏。图 5-29 所示为蛇游动和吐出舌头的动作分析图。图 5-30 所示为蛇爬行时的动作分析图。

图5-29 蛇游动和吐出舌头的动作分析图

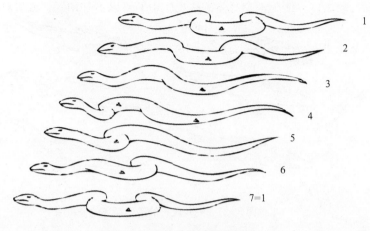

图 5-30 蛇爬行的动作分析图

5.3.4 两栖类的运动规律

两栖类以青蛙为例，它前腿短、后腿长既能用肺呼吸，也可以用皮肤呼吸；既能在陆地上活动，又可以在水中活动。

青蛙的运动规律是：以跳为主，由于蛙的后腿粗大有力，所以弹跳力强。蛙在水中游泳时，前腿保持身体平衡，后腿用力蹬水，配合协调。图 5-31 所示为蛙跳和游泳的动作分析图。

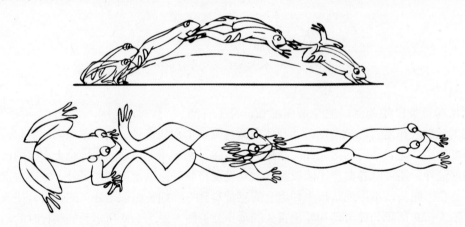

图 5-31 蛙跳和游泳的动作分析图

5.3.5 昆虫类的运动规律

自然界中的昆虫种类繁多，大约有 100 万种，从动作特点分类，可以分为以飞为主、以爬为主和以跳为主 3 种类型。

1. 以飞为主的昆虫

下面以蝴蝶、蜜蜂、蜻蜓为例来讲解一下以飞为主的昆虫类的运动规律。

（1）蝴蝶

蝴蝶的形态美丽，颜色鲜艳，由于翅大身轻，在飞行时会随风飞舞。绘制蝴蝶飞舞的动作，原画设计者应先设计好飞行的运动路线，一般是翅膀一次振动，即翅膀从向上到向

下，身体的飞行距离，大约为一个身体的幅度。中间可以不加动画，或者只加一张中间画。画原画或动画时，全过程可以按预先设计好的运动路线一次画完。图5-32（a）所示为蝴蝶飞舞的动作分析图。图5-32（b）所示为蝴蝶飞行轨迹图。

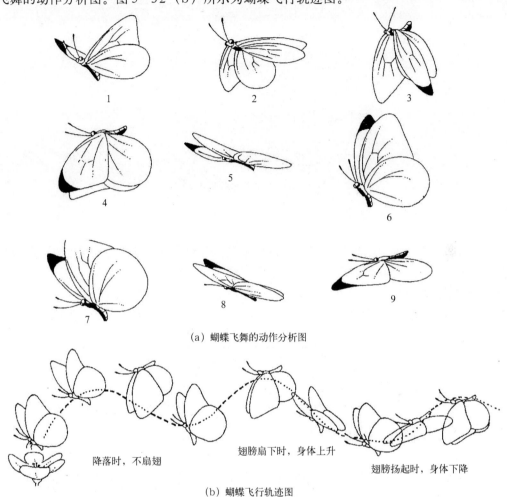

（a）蝴蝶飞舞的动作分析图

降落时，不扇翅　　　翅膀扇下时，身体上升　　　翅膀扬起时，身体下降

（b）蝴蝶飞行轨迹图

图5-32　蝴蝶飞行的运动规律

（2）蜜蜂

蜜蜂的形态特点是体圆翅小，只有一对翅膀。飞行动作比较机械，单纯依靠双翅的上下振动向后发出冲力。因此，双翅扇动的频率快而急促。图5-33所示为蜜蜂飞舞的动作图。

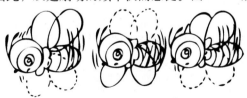

图5-33　蜜蜂飞舞的动作分析图

（3）蜻蜓

蜻蜓头大身轻翅长，左右各有两对翅膀，双翅平展在背部，飞行时快速振动双翅，飞行速度很快。蜻蜓在飞行过程中，一般不能灵活转变方向，动作姿态也变化不大。绘制它

的飞行动作时，在同一张画面的蜻蜓身上，同时可以画出几对翅膀的虚影。同时应注意飞行中细长尾部的姿态，不宜画得过分僵直。图5-34（a）所示为蜻蜓飞行的动作分析图。图5-34（b）所示为蜻蜓降落的动作分析图。

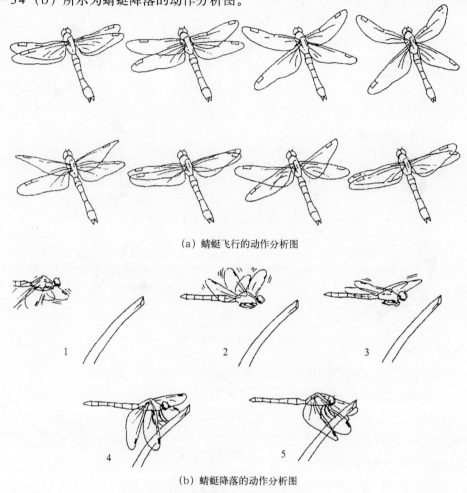

（a）蜻蜓飞行的动作分析图

（b）蜻蜓降落的动作分析图

图5-34　蜻蜓飞行的运动规律

2．以跳为主的昆虫

以跳为主的昆虫，如蟋蟀、蚱蜢、螳螂等，这类昆虫头上都长有两根细长的触须，它们能几条腿交替走路，但基本动作是以跳为主。由于这类昆虫的后腿长而粗壮，弹跳有力，蹦跳的距离较远，因此跳时成抛物线运动。除了跳的动作以外，头上两根细长的触须，应做曲线运动变化。图5-35所示为蚱蜢跳的动作分析图。

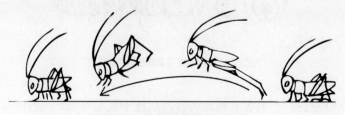

图5-35　蚱蜢跳的动作分析图

5.4 自然现象的基本运动规律

自然现象的种类也很多，并且各自的运动规律差别很大。本节主要讲解 Flash 动画片中常见的风、火、雷（闪电）、水、烟和爆炸的运动规律。

5.4.1 风的运动规律

风是日常生活中常见的一种自然现象。风是无形的气流，一般来讲，风的形态是无法辨认的。在 Flash 动画片中，可以绘制一些实际上并不存在的流线来表现运动速度比较快的风，但在更多的情况下，是通过被风吹动的各种物体的运动来表现它的。因此研究风的运动规律和表现方法，实际上是研究被风吹动着的各种物体的运动规律。

在动画片中，表现风的方法大体上有 4 种。

1．运动线(运动轨迹)表现法

凡是比较轻薄的物体，例如树叶、纸张、羽毛等，当它们被风吹离了原来的位置、在空中飘荡时，都可以用物体的运动线（运动轨迹）来表现。图 5-36 所示为利用运动线（运动轨迹）表现风的效果。

图 5-36　运动线（运动轨迹）表现风的效果

2．曲线运动表现法

凡是一端固定在一定位置的轻薄物体，如系在身上的绸带、套在旗杆上的彩旗等，当被风吹起迎风飘荡时，可以通过这些物体的曲线运动来表现。曲线运动的规律前面已经讲过，这里不再重复。图 5-37 （a）所示为一端固定的飘带，风吹起迎风飘扬的动作设计。图 5-37 （b）所示为飘带飘动的动作分析图。图 5-37 （c）所示为飘动的旗帜同时呈波形和 S 型曲线运动。

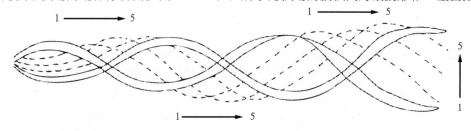

（a）一端固定的飘带，风吹起迎风飘扬的动作设计
图 5-37　曲线运动表现法

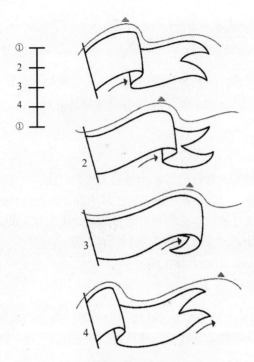

（b）飘带飘动的动作分析图

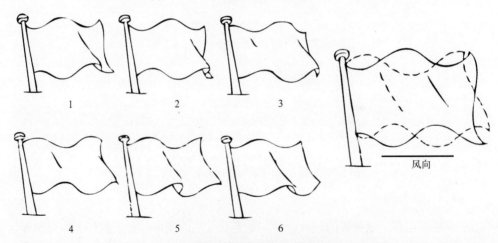

（c）飘动的旗帜同时呈波形和 S 型曲线运动

图 5-37　曲线运动表现法（续）

3．流线表现法

对于旋风、龙卷风及风力较强、风速较大的风，仅仅通过这些被风冲击着的物体的运动来间接表现是不够的，还要用流线来直接表现风的运动，把风形象化。

运用流线表现风，可以用铅笔或彩色铅笔，按照气流运动的方向、速度，把代表风动势的流线在动画纸上一张张地画出来。有时，根据剧情的需要，还可以在流线中画出被风卷起的沙石、纸屑、树叶或者雪花等，随着气流运动，加强风的气势，造成飞沙走石、风雪弥漫的效果。图 5-38（a）所示为利用流线表现风的效果。图 5-38（b）所示为利用流线来表现飓风运动的示意图。

（a）利用流线表现风的效果

1　　　　2　　　　3　　　　4

（b）利用流线来表现飓风运动的示意图

图 5-38　流线表现法

4．拟人化表现法

在某些动画片里，出于剧情或艺术风格的特殊要求，可以把风直接夸张成拟人化的形象。在表现这类形象的动作时，既要考虑到风的运动规律和动作特点，又可不受它的局限，可以发挥更大的想象。图 5-39 所示为利用拟人化表现风的效果。

图 5-39　拟人化表现风

5.4.2　火的运动规律

火焰的形态很多，并且时刻在变化。火焰的基本运动状态可归纳为以下 7 种：扩张、收缩、摇晃、上升、下收、分离、消失。无论是大火还是小火，都离不开这 7 种基本运动状态。图 5-40（a）所示为火的运动规律示意图，图 5-40（b）所示为火燃烧的运动示意图，图 5-40（c）所示为火熄灭过程的示意图。

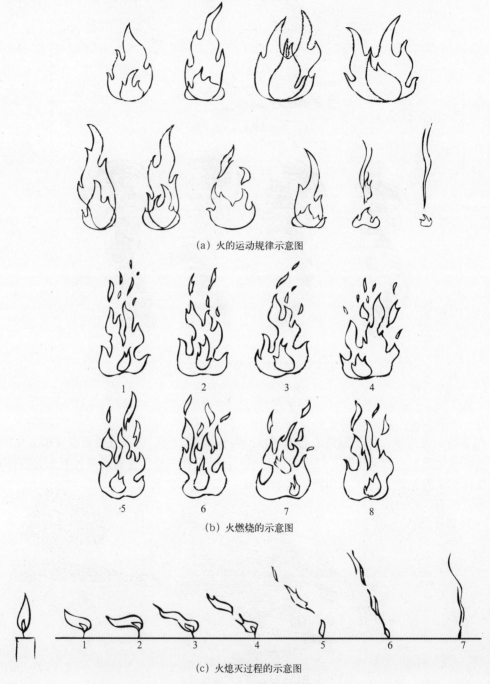

（a）火的运动规律示意图

（b）火燃烧的示意图

（c）火熄灭过程的示意图

图 5-40　火焰的运动规律

5.4.3　闪电的运动规律

闪电是打雷时发出的光，闪电光亮十分短促。在动画片中，闪电镜头有两种表现方法。

1．直接出现闪电光带

闪电光带有两种表现手法：一种是树枝型，如图5－41所示；另一种是图案型，如图5－42所示。

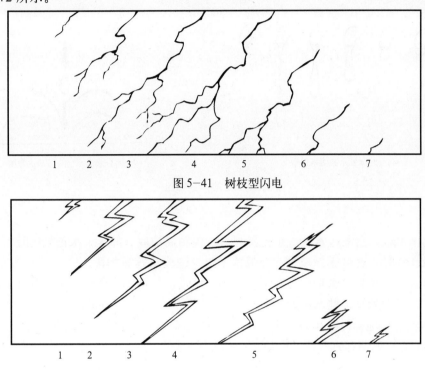

图5－41　树枝型闪电

图5－42　图案型闪电

2．不直接出现闪电光带

通过闪电时急剧变化的光线对景物的影响，来表现闪电的效果，如图5－43所示。

（a）阴云密布的日景　　（b）前层景物边侧加白光天空及后层景物稍亮　　（c）前层景物全黑天空及后层景物全白

图5－43　通过闪电时急剧变化的光线对景物的影响表现闪电

5.4.4　水的运动规律

在动画中，水是经常出现的。水的动态很丰富，从水滴到大海的波涛汹涌，变化多端、气象万千。下面分别讲述几种水的表现方法。

1．水滴

水有表面张力，水滴必须积聚到一定程度，才会滴落下来。它的运动规律是：积聚、拉

135

长、分离、收缩，然后再积聚、拉长、分离、收缩循环往复。一般来说，水滴积聚的速度比较慢，动作小，画的张数比较多；反之，分离和收缩的速度比较快，动作大，画的张数则比较少。图5-44（a）所示为水滴滴落过程。图5-44（b）所示为水滴溅起的运动示意图。

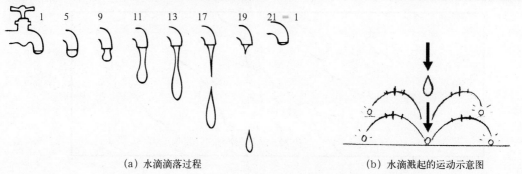

（a）水滴滴落过程 　　　　　　　　（b）水滴溅起的运动示意图

图5-44　水滴运动规律

2．水花

水遇到撞击时，会激起水花。水花溅起后，向四周扩散、降落。水花溅起时，速度较快；升至最高点时，速度逐渐减慢；分散落下时，速度又逐渐加快。

物体落入水中溅起的水花，其大小、高低、快慢，与物体的体积、重量以及下降速度有密切关系。下面列举一些水花的图例。

（1）水滴落到地面时溅起的水花

水滴落到地面时溅起水花的过程如图5-45所示。

图5-45　水滴落到地面时溅起水花的过程

（2）水滴落到水面时溅起的水花

水滴落到水面时溅起水花的过程如图5-46所示。

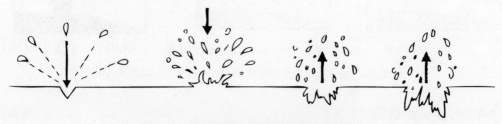

图5-46　水滴落到水面时溅起水花的过程

（3）石头落水时溅起的水花

石头落水时溅起的水花的过程如图5-47所示。

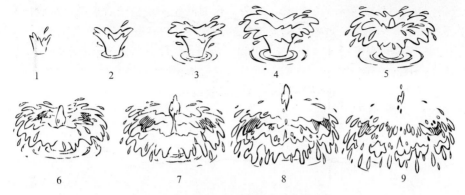

图5-47　石头落水时溅起的水花的过程

5.4.5　云和烟的运动规律

1．云的运动规律

云的外形可以随意变化，但必须运用曲线运动的规律。在另一些动画片中，也可以将云夸张成拟人化的角色，但动作必须柔和、缓慢，如图5-48所示。

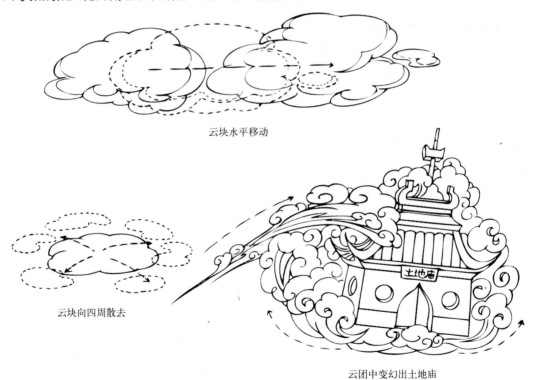

云块水平移动

云块向四周散去

云团中变幻出土地庙

图5-48　动态云

2．烟的运动规律

烟是物体燃烧时冒出的气状物。图5-49所示为烟的几种表现形式。

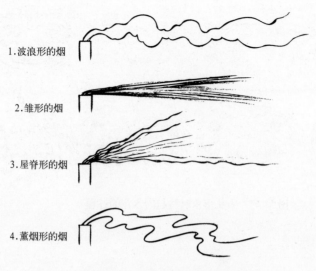

1. 波浪形的烟

2. 雏形的烟

3. 屋脊形的烟

4. 薰烟形的烟

图 5-49 烟的几种表现形式

由于燃烧物的质地或成分不同，产生的烟也会有轻重、浓淡和颜色的差别。动画片中的烟分为浓烟和轻烟两种。

（1）浓烟

浓烟的密度较大，形态变化较少，大团大团地冲向空中，也可以逐渐延长、尾部可以从整体中分裂成无数小块，然后渐渐消失，如烟囱里冒出来的浓烟、火车排出的黑烟、房屋燃烧时的滚滚浓烟等。运动规律类似云。动作速度可快可慢，视具体情况而定。图 5-50 所示为浓烟的运动规律示意图。

（2）轻烟

轻烟密度较小，随着空气的流动形态变化较多，容易消失，如烟卷、烟斗、蚊香或香炉里所冒出的缕缕青烟。画轻烟漂浮动作时，应当注意形态的上升、延长和弯曲的曲线运动变化。动作缓慢、柔和，尾端逐渐变宽变薄，随即分离消失。图 5-51 所示为轻烟飘动的表现效果，图 5-52 所示为汽车尾气的表现效果。

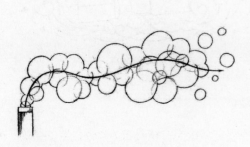

图 5-50 浓烟的运动规律示意图

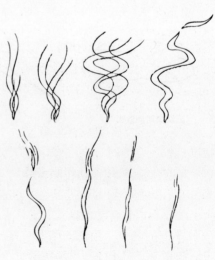

图 5-51 轻烟飘动的表现效果

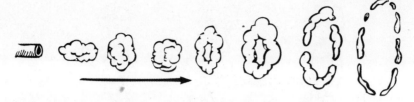

图5-52 汽车尾气的表现效果

（3）烟雾散去

烟雾散去时呈现逐渐扩大的效果。图5-53所示为烟雾散去的示意图。

图5-53 烟雾散去的示意图

5.5 动画中的特殊技巧

Flash动画片中的角色除了基本运动规律外，还经常用到预备动作、缓冲动作、追随动作、夸张和流线等特殊技巧。

5.5.1 预备动作

在设计Flash动画的动作时，每一个动作都有一个"反应"，称做"预备"。预备在表现动作时有两种作用：一是力量的聚集，为力的释放做铺垫，可以更好地表现力量；二是为使观众注意人物即将发出的动作，给观众一个预感。预感很重要，只有做好预感，观众才能真正领会这个动作，否则，只是动作的过场，还没等观众有足够的反应，动作就已经完成了，会使观众领悟不到动作的意义。

在设计预备动作时，要注意以下两点：

（1）动作越强，预备动作幅度越大

如果某人从静止到走动状态，走动的预备就应当很微小，如图5-54所示；如果是跑步，角色必须用力将自己"推入"动作，因此，预备动作就要大得多，如图5-55所示。

（2）不同的角色，预备动作也不同

不同的角色，对于同一个预备动作，会有很大的差别。图5-56所示为女性走路的预备动作。

图 5-54　走路的预备动作

图 5-55　跑步的预备动作

图 5-56　女性走路的预备动作

5.5.2　追随动作

在 Flash 动画中还不可忽视因主体动作的影响，角色身上各种附属物体所产生的追随运动变化，这同样是动作设计的一部分。例如，角色身上的衣服、披风、绸带、饰物，包括长发等。图 5-57 所示为人主体动作在奔跑时，身上的衣服从下垂到扬起，朝与人奔跑相反的方向飘动。人停止奔跑，身上的衣服便朝下飘落的分析图。

　　1　　　　　　2　　　　　　3　　　　　　4

图 5-57　主体动作与追随动作

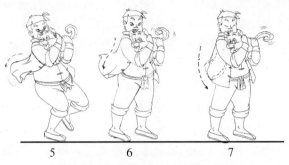

图 5-57　主体动作与追随动作（续）

5.5.3　夸张

Flash 动画片中的夸张，大体上可以分为以下 6 种。

1. 情节的夸张

动画片导演在选择题材确定剧本时，一般都挑选适合发挥动画特性的故事内容，将它拍摄成动画影片，国内外基本如此。以一些 Flash 动画片为例：我国的如《大闹天宫》、《哪吒闹海》、《天书奇谭》、《金猴降妖》、《宝莲灯》等；外国的如《白雪公主》、《木偶奇遇记》、《阿拉丁》、《狮子王》、《国王与小鸟》、《雪女王》、《太阳剑》、《龙子太郎》、《火之鸟》、《风之谷》等。这些题材首先具备了充分发挥想象和夸张的情节，为施展动画艺术的特性提供了良好的基础。例如，《大闹天宫》中的美猴王神通广大，上天入地无所不能，一个筋斗能翻十万八千里；孙悟空大战二郎神时，能够七十二般变化等。又如，《天书奇谭》中的小娃娃蛋生是从天鹅蛋中蹦出来的，练得一身法术，最后在观景台上与 3 只狐狸精斗法，使其现出原形等。这些神话故事中，情节上的怪诞和夸张为 Flash 原画设计者设计动作提供了依据，打开了创作思路，从而将剧情内容和角色动作丰富生动地表现出来。图 5-58 所示为孙悟空跃身变仙鹤的效果分析图。

图 5-58　孙悟空跃身变仙鹤的效果分析图

2. 构思的夸张

原画设计者如何用形象化的手段来表现剧本中的文字描述和导演要求，这就要在创作构思上运用想象和夸张的技巧进行二度创造。例如，在《大闹天宫》中，表现孙悟空从百丈瀑布后的水帘洞中出场。如何运用夸张的特性表现这一情景呢？为了显示孙悟空出场的神奇和威武，原画设计者经过构思设计了一群小猴分别站立在瀑布前的石梁上。为首的两个猴兵手中各执一把月牙长叉，从中心将飞流直下的瀑布挑起，然后两股水流像幕帘一样，顺着月牙叉口朝两旁分开，逐渐显露出瀑布后面的水帘洞口。这一构思既符合剧情的要求，又充分发挥了动画片的特性，为孙悟空的出场增添了神奇的色彩。又如，在《金猴降妖》中，白骨精变成村妇愚弄猪八戒，在舞台上角色的变化，一般是采用燃放一股烟火，然后在烟雾中更换另一个角色上场。用"障眼法"是出于舞台变幻的局限，而动画片中形象的变幻则是自身的优势，但要变得新奇而不同一般，就必须在构思上进行夸张。原画在表现这段变化过程时运用了自然环境中一块石面盖满着薄薄水流，好似一面镜子的巨石，白骨精站在镜石前不时舞姿弄态，石镜中映现出变幻无穷的怪异形象，时而分散，时而聚拢，犹如现代派的抽象绘画，光怪陆离，最后聚变成一位妖艳少妇。这段处理显示了变幻的神秘色彩，颇有新意，如图 5-59 所示。

图 5-59 《金猴降妖》中白骨精在石镜前的变幻镜头

3. 形态的夸张

这是原画设计者在动作设计中常用的一种夸张技巧，为了表达角色动作的力量和精神状态上的鲜明效果，将形象姿态的局部或大部分夸大到常人难以做到的极限，在画面上表现出刹那间的强烈变形状态，给人留下较深的印象。例如，小孩用足力气拔萝卜却无法将埋在土里的萝卜拔起，这时便可夸大其身体后仰，双臂的拉长变形，显示出用力过度的特殊效果，如图 5-60 所示。

图 5-60 小孩用足力气拔萝卜，夸张她的双臂

又如，表现一个角色气壮如牛、不可一世的神态时，便可夸张他的上身极度膨胀，胸和肩超出常态几倍的宽度，如图 5-61 所示。当一个角色受到惊吓时，可夸张表现其体态拉

长、脸形变窄、双眼圆睁。当表现一个体态肥胖的角色理屈词穷时，他的神态和体形可以像泄了气的皮球那样，迅速萎缩、瘫软、变形缩小。以上所举的几种例子都是说明在特定情景下，原画设计者为了充分表现角色神情、体态上的强烈变化，运用形态夸张的动画技巧进行设计处理，以求得良好的效果。

图 5-61　地主发怒，他的上身极度膨胀的夸张效果

4．速度的夸张

除了上述在形态上的夸张之外，为了表现角色在动作速度上的特殊变化，动画片里不应拘泥于生活的真实，可以根据剧情的要求及动作设计的需要，超出真实动作所需时限的常规，快的更快、慢的更慢，以显示速度上的强烈对比，突出动作的效果。例如，表现角色像飞一样的奔跑或逃窜，画面上的角色不仅是画两条腿在奔跑，还可以出现无数条腿的虚影，夸张飞奔动作的极度快速。甚至还可以更为夸张地将它处理成角色身后拖着一股尘烟滚滚而去，角色形象淹没在一片烟雾之中。正如在文字中所描述的"一溜烟逃之夭夭"在动画动作中的形象化体现。图 5-62 所示为小孩受惊后突然逃窜，为了强调动作的快速，身后夸张地冒出一股尘烟的分析图。

图 5-62　速度上的夸张

5．情绪的夸张

动画片中常常会表现角色喜、怒、哀、乐等情绪上的各种变化。原画设计者在处理感情上的变化时，除了对角色的动作姿态及脸部表情、外部形象进行夸张之外，还可以运用

动画的特殊技巧，以比喻性或象征性的夸张手法进行处理。例如，文字上所形容的"怒发冲冠"，一个角色在情绪极度愤怒时，不仅表现他怒目而视的表情，还可以形象化地将角色的头发顿时竖起，同时将头上的帽子也高高顶起，然后落下。又如，形容"火冒三丈"，在动画片动作中，表现一个角色大发脾气时，不仅在动作上挥动双拳，同时，在他的脑袋上突然升起一团火苗，向上扩散。还有，表现一个角色极度悲伤时的嚎啕大哭，便可将它夸张成眼中泪水哗哗直流，或者泪水像洒水车那样从两只眼睛里向两侧喷射而出等，如图 5-63 所示。

(a) 盛怒头上冒火　　　　　　(b) 小孩嚎啕大哭，眼泪从两只眼角喷洒而出

图 5-63　情绪上的夸张

6. 意念的夸张

另外附带讲述与此有相似之处的意念的夸张。意念上的夸张是为了表现角色主观意识中的想象，在动画片中运用形象化的一种表达形式。图 5-64 所示为小地主被眼前美女的美貌所吸引，动画夸张他的眼珠夺眶而出，围着美女的脸四面转悠的分析图。

图 5-64　意念夸张技巧

图 5-64　意念夸张技巧（续）

5.5.4　流线

在 Flash 动画片里，流线作为夸张形象动作的速度或效果的一种特殊技巧，是原画在设计动作时经常运用的表现手法。流线一般可以分成两种类型。

1．速度性流线

这是根据生活中的实际现象加以夸张的一种流动线条。在日常生活里，物体在速度极快的运动过程中，人们的眼睛往往不易看清楚其具体的形象，只能看到物体模糊的虚影。例如，电风扇在快速转动的情况下，人们就看不清风扇叶片的具体形状，只能看到叶片飞转的虚影。动画片中为了表现运动的快速，就是根据这一现象运用流线的办法来处理的。例如，表现小鸟急速扇动翅膀、人快速奔跑的双脚，以及急驶中的摩托车、风卷地面的沙土等，都可采用速度性流线，如图 5-65 所示。

（a）人快跑时脚成虚影及身后的流线　（b）小鸟受惊快速扇翅流线　（c）摩托飞驰的车轮及车身旁的流线

图 5-65　几种速度性流线

2．效果性流线

这是动画片中运用夸张的一种手法，表现某种感觉和特殊想象所产生的流线。在日常生活中，经常会碰到一些现象：一阵大风将开着的门"砰"关上，使人顿时感到一怔，好像门框和房子都在震动；某人在发怒时用手掌狠狠拍击桌子，桌面上的杯盘器皿被震地跳动。

Flash 动画片中表现角色受惊吓或头晕目眩时也可运用效果性流线处理。另外，为了加强物体受到猛力碰撞时所造成的强烈震动，除了形体本身的夸张变形之外，往往还需加上效果性流线，使动作更加强烈，如图 5-66 所示。

（a）敲击铜锣的流线效果　　　（b）头晕昏倒的流线效果　　　（c）木棍击头的流线效果

图5-66　几种效果性流线

课 后 练 习

一、填空题

1．曲线运动分为_____、_____和_____3种。

2．球体落在薄板上形成的弹性运动属于_____曲线运动；海浪的运动属于_____曲线运动；动物的长尾巴的运动属于_____曲线运动。

3．在Flash动画片中的夸张大体上可以分为_____、_____、_____、_____、和_____6种。

4．预备在表现动作时有两种作用：一是_____；二是_____。

5．人走路的特点是_____。

6．人在起跳前身体的屈缩表示动作的准备和力量的积聚。然后一股爆发力单腿或双腿蹬起，使整个身体腾空向前。接着越过障碍之后双脚先后或同时落地，由于_____和_____，必然产生动作的缓冲，随即恢复原状。

7．马的运动规律分为_____、_____、_____和_____几种。

8．马行走的运动规律是：依照对角线换步法，即_____、_____、_____、依次交替的循环步法。

9．水滴落下的运动规律是_____。

10．火焰的基本运动状态归纳为7种，它们分别是：_____、_____、_____、_____、_____、_____和_____。

二、选择题

1．当旗杆上的旗帜受到风力的作用时，就会出现（　　）运动。

A．S形　　　　　B．弧形　　　　　C．波浪形　　　　　D．三角形

2．当人四肢的一端固定的时候，四肢摆动时，就会出现（　　）运动。

A．S形　　　　　B．弧形　　　　　C．波浪形　　　　　D．三角形

3．下面（　　）属于流线的表现类型。

A．速度性流线　　B．效果性流线　　C．敲击性流线　　D．放射性流线

4．小孩用足力气拔萝卜无法将埋在土里的萝卜拔起，这时便可夸大其身体后仰，双臂拉长变形，显示出用力过度的特殊效果，这种夸张手法为（　　　）。

A．意念的夸张　　　B．情节的夸张　　　C．形态的夸张　　　D．情绪的夸张

5．人在跳跃过程中，运动线成弧形抛物线状态。这一弧形运动线的幅度会根据（　　）产生不同的差别。

A．用力的大小　　　B．身高　　　　　　C．体重　　　　　　D．障碍物的高低

6．人跳跃运动主要由（　　）动作姿态组成。（多选）

A．身体屈缩　　　B．蹬腿　　　　　C．腾空　　　　　D．着地　　　　　E．还原

7．下面属于风的表现手法的是（　　　）。

A．拟人化表现法　　　　　　B．流线表现法

C．曲线运动表现法　　　　　D．放射表现法

8．下列属于闪电光的表现手法的是（　　　）。

A．树枝型　　　　B．图案型　　　　C．放射型　　　　D．圆型

三、问答题

1．简述"S"形曲线的运动特点。

2．简述人奔跑的运动规律。

3．简述鹤走路和飞行的运动规律。

4．简述云和烟的运动规律。

5．简述在设计预备动作时应注意的问题。

第 **6** 章

运动规律技巧演练

本章重点

本章将结合前面运动规律一章的相关知识，结合 Flash 动画片《我要打鬼子》中的相关实例来讲解运动规律在 Flash 动画片中的具体应用。通过本章的学习，应掌握以下内容：

- 刮风、尘土、下雪和火焰燃烧效果的制作方法
- 人物流泪和水花溅起效果的制作方法
- 运动速度效果的制作方法
- 蝉的鸣叫效果的制作方法
- 速度线效果的制作方法
- 眼中怒火效果的制作方法
- 人物奔跑动画的制作方法
- 卡通片头过场效果的制作方法

6.1 刮风效果

制作要点

本例将制作动画片中常见的具有层次感的刮风效果，如图 6-1 所示。通过本例的学习，读者应掌握在 Flash 中制作刮风效果的方法。

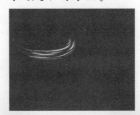

图6-1　刮风效果

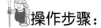操作步骤：

1. 制作第 1 层吹动的风效果

1）新建一个 Flash（ActionScript 2.0）文件。

2）选择"修改"｜"文档"（快捷键【Ctrl+J】）命令，在弹出的"文档属性"对话框中设置"尺寸"为"720 像素 × 576 像素"，"背景颜色"为"蓝色（#0000ff）"，"帧频"为 25fps（见图 6-2），单击"确定"按钮。

图 6-2　设置文档属性

3）选择"插入"｜"新建元件"（快捷键【Ctrl+F8】）命令，然后在弹出的对话框中设置参数如图 6-3 所示，单击"确定"按钮，进入"风吹动"图形元件的编辑状态。

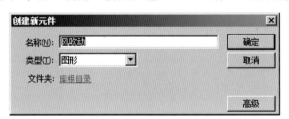

图 6-3　新建"风吹动"图形元件

4）在"风吹动"图形元件中，利用 （画笔工具）绘制白色图形作为风的轨迹线，如图 6-4 所示。

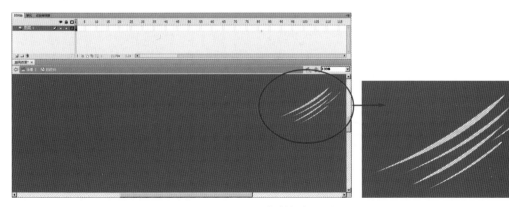

图 6-4　绘制白色图形

5）在时间轴的第 3 帧，按【F7】键插入空白关键帧，然后绘制白色图形，如图 6－5 所示。

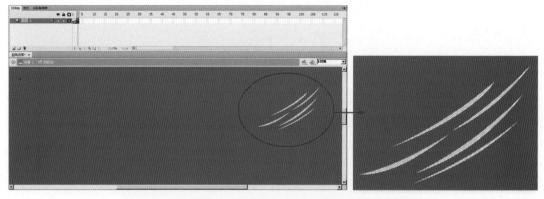

图 6-5 在第 3 帧绘制白色图形

6）在时间轴的第 5 帧，按【F7】键插入空白关键帧，然后绘制白色图形，如图 6－6 所示。

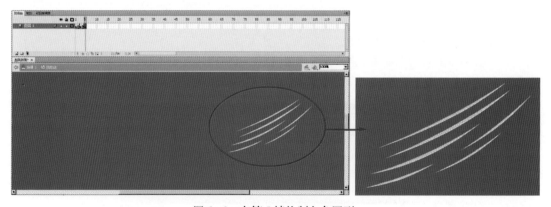

图 6-6 在第 5 帧绘制白色图形

7）在时间轴的第 7 帧，按【F7】键插入空白关键帧，然后绘制白色图形，如图 6－7 所示。

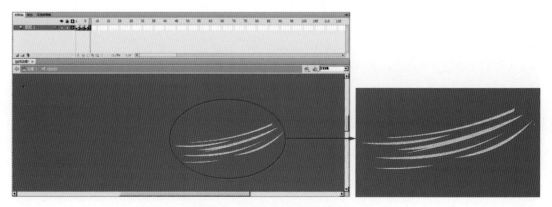

图 6-7 在第 7 帧绘制白色图形

8）在时间轴的第9帧，按【F7】键插入空白关键帧，然后绘制白色图形，如图6-8
所示。

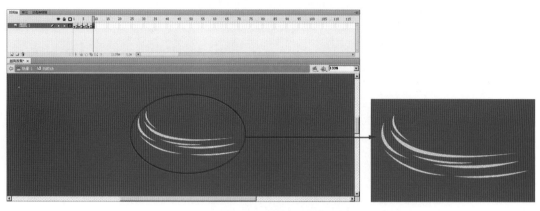

图6-8　在第9帧绘制白色图形

9）同理，分别在时间轴的第11帧、13帧、15帧、17帧、19帧和21帧，按【F7】键
插入空白关键帧，然后分别绘制白色图形，如图6-9～图6-14所示。

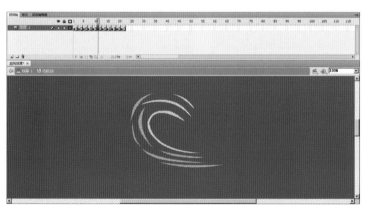

图6-9　在第11帧绘制白色图形

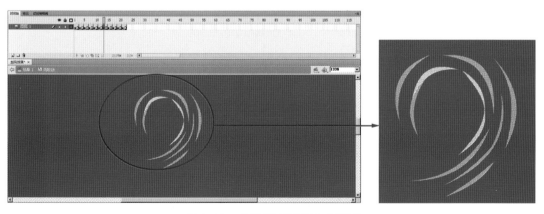

图6-10　在第13帧绘制白色图形

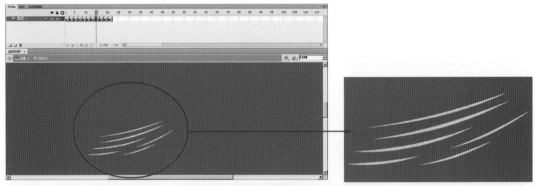

图 6-11　在第 15 帧绘制白色图形

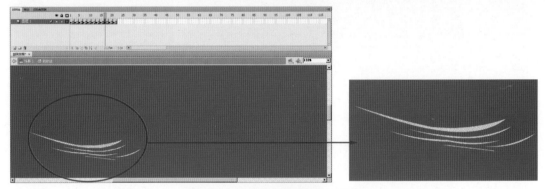

图 6-12　在第 17 帧绘制白色图形

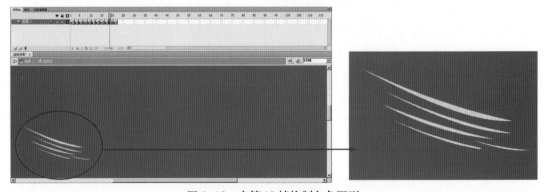

图 6-13　在第 19 帧绘制白色图形

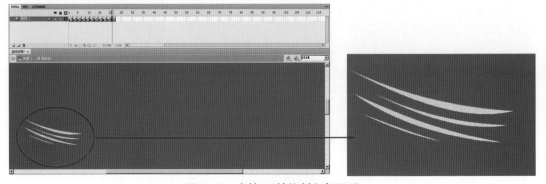

图 6-14　在第 21 帧绘制白色图形

10）在时间轴的第 22 帧，按【F5】键插入普通帧，从而将时间轴的总长度延长到第 22 帧。

11）按【Enter】键，播放动画，即可看到风从右向左吹动的效果。

2. 制作第 2 层吹动的风效果

此时的风没有层次感，下面对其进行处理，使之具有层次感。

1）为了便于操作，锁定"图层 1"。

2）新建"图层 2"，然后利用 📝（画笔工具）绘制白色图形作为风的轨迹线，接着在"颜色"面板中将其 Alpha 值设置为 50%（见图 6-15），从而形成风的层次感。

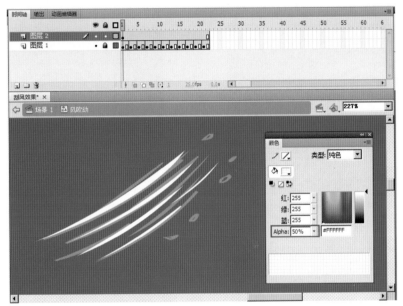

图 6-15 将"图层 2"绘制的白色图形的 Alpha 值设为 50%

3）同理，分别在"图层 2"的第 3 帧、第 5 帧、第 7 帧、第 9 帧、第 11 帧、第 13 帧、第 15 帧、第 17 帧、第 19 帧和第 21 帧按【F7】键插入空白关键帧，然后分别绘制 Alpha 值为 50% 的白色图形，如图 6-16 所示。此时时间轴分布如图 6-17 所示。

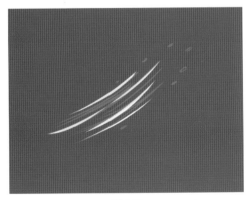

第 3 帧

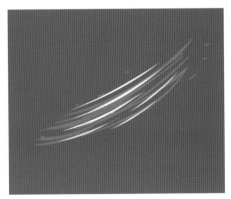

第 5 帧

图 6-16 在"图层 2"的不同帧绘制 Alpha 值为 50% 的白色图形

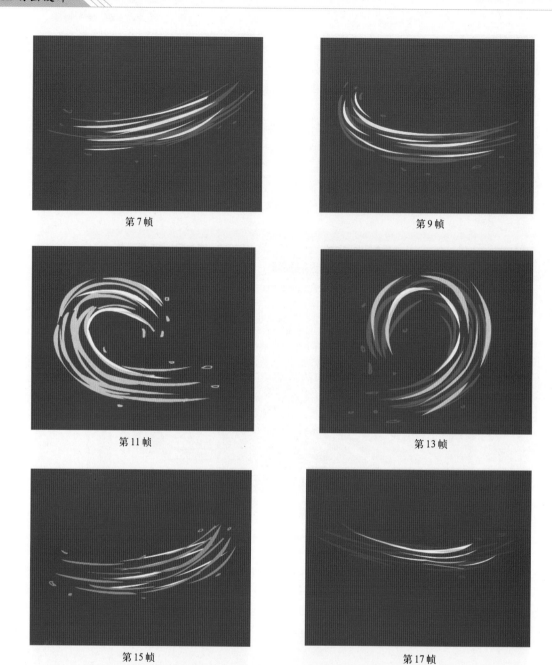

第7帧　　　　　　　　　　　　第9帧

第11帧　　　　　　　　　　　第13帧

第15帧　　　　　　　　　　　第17帧

图6-16　在"图层2"的不同帧绘制Alpha值为50%的白色图形（续）

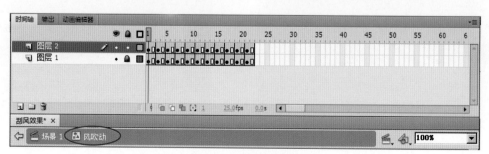

图6-17　时间轴分布

3. 制作从左往右吹动的风效果

1）单击  场景1 按钮，回到场景1。然后从库中将"风吹动"图形元件拖入舞台，并放置到舞台右侧。接着在时间轴的第22帧，按【F5】键插入普通帧，如图6-18所示。

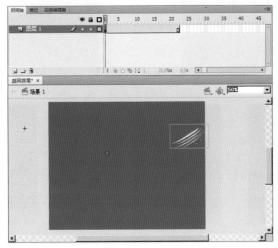

图6-18 将"风吹动"图形元件放置到舞台右侧，并在第22帧插入普通帧

2）按【Enter】键播放动画，即可看到风从右往左下吹动的效果。但此处需要的是风从左往右吹动，下面就来解决这个问题。具体操作步骤如下：选择舞台中的"风吹动"图形元件，然后选择"修改"|"变形"|"水平翻转"命令，翻转元件，如图6-19所示。

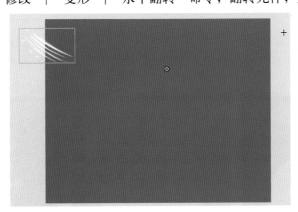

图6-19 水平翻转"风吹动"图形元件

3）至此，整个动画制作完毕。按【Ctrl+Enter】组合键测试影片，即可看到风从左往右吹动的效果，如图6-20所示。图6-21所示为Flash动画片《我要打鬼子》中的刮风效果。

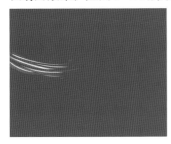  

图6-20 刮风效果

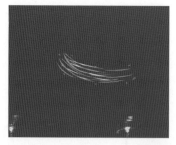

图 6-20 刮风效果（续）

图 6-21 Flash 动画片《我要打鬼子》中的刮风效果

6.2 尘土效果

 制作要点

　　本例将制作《我要打鬼子》中的角色跑步时身后飞起尘土和尘土扩散效果，如图 6-22 所示。通过本例的学习，读者应掌握在 Flash 中制作飞起尘土的效果和尘土从产生到扩散效果的方法。

角色跑步时身后飞起的尘土效果

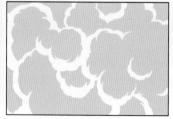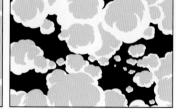

尘土扩散效果

图 6-22 尘土效果

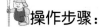操作步骤：

1．制作角色跑步时身后飞起的尘土效果

1）新建一个 Flash（ActionScript 2.0）文件。

2）选择"修改"｜"文档"（快捷键【Ctrl+J】）命令，在弹出的"文档属性"对话框中设置"尺寸"为"720 像素×576 像素"，"背景颜色"为黑色（#000000），"帧频"为25fps（见图6-23），单击"确定"按钮。

图6-23　设置文档属性

3）选择"插入"｜"新建元件"（快捷键【Ctrl+F8】）命令，然后在弹出的对话框中设置参数如图6-24所示，单击"确定"按钮，进入"飞起的尘土"图形元件的编辑状态。

图6-24　新建"飞起的尘土"图形元件

4）在"飞起的尘土"图形元件中，为了充分表现尘土的随机状态，绘制了8种尘土状态，如图6-25所示。此时时间轴分布如图6-26所示。

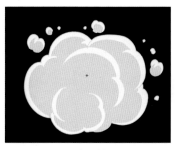
第1帧

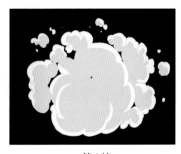
第2帧

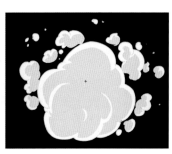
第3帧

图6-25　在不同帧绘制不同的尘土状态

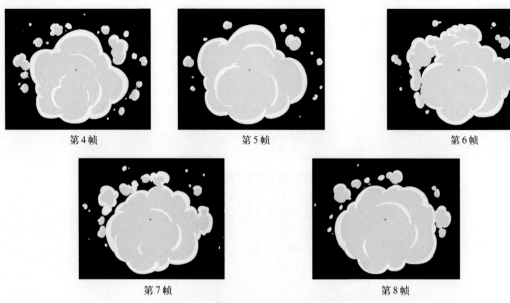

第4帧　　　　　　　　　　第5帧　　　　　　　　　　第6帧

第7帧　　　　　　　　　　　　第8帧

图6-25　在不同帧绘制不同的尘土状态（续）

图6-26　时间轴分布

5）选择"插入"｜"新建元件"（快捷键【Ctrl+F8】）命令，然后在弹出的对话框中设置参数如图6-27所示，单击"确定"按钮，进入"角色和跑步时的尘土"图形元件的编辑状态。

6）在"角色和跑步时的尘土"图形元件中，将"图层1"重命名为"角色跑步"，然后将事先准备好的相关素材拼合成角色跑步时左腿抬起时的姿势，如图6-28所示。接着在第4帧按【F6】键插入关键帧，再将角色整体向上移动，从而制作出角色跑步时身体向上的姿态。

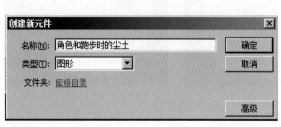

图6-27　新建"角色和跑步时的尘土"图形元件

图6-28　拼合出角色跑步时的一个姿势

7）选择第 1 帧中的角色，按【Ctrl+C】组合键进行复制。然后在第 7 帧按【F7】键插入空白关键帧，再按【Ctrl+Shift+V】组合键进行原地粘贴，如图 6-29 所示。接着选择角色头部以外的其他身体部分，选择"修改"|"变形"|"水平翻转"命令，从而制作出角色右腿抬起的姿势，如图 6-30 所示。

图 6-29　将第 1 帧的角色原地粘贴到第 7 帧　　　　图 6-30　制作出角色右腿抬起的姿势

8）在第 10 帧，按【F6】键插入关键帧，然后将角色整体向上移动，从而制作出角色跑步时身体向上的姿态。接着在第 12 帧按【F5】键插入普通帧，从而使时间轴的总长度延长到第 12 帧。

9）新建"尘土"层，然后从库中将"飞起的尘土"图形元件拖入舞台。接着将其移动到"角色跑步"层的下面，再调整尘土的大小和位置，如图 6-31 所示。此时时间轴分布如图 6-32 所示。

图 6-31　调整尘土的大小和位置　　　　图 6-32　"飞起的尘土"图形元件的时间轴分布

10）单击 场景1 按钮，回到场景 1。然后从库中将"角色和跑步时的尘土"拖入舞台，接着在第 12 帧按【F5】键插入普通帧，从而使时间轴的总长度延长到第 12 帧。此时时间轴分布如图 6-33 所示。

图 6-33　时间轴分布

11）至此，角色跑步时身后飞起尘土的效果制作完毕。按【Ctrl+Enter】组合键测试影片，即可看到效果，如图 6-34 所示。图 6-35 所示为 Flash 动画片《我要打鬼子》中的中岛捉鸡时后面扬起尘土的效果。

图 6-34　角色跑步时身后飞起尘土的效果

图 6-35　Flash 动画片《我要打鬼子》中的中岛捉鸡时身后扬起尘土的效果

2．制作尘土从产生到扩散的效果

1）新建一个 Flash（ActionScript 2.0）文件。

2）选择"修改"|"文档"（快捷键【Ctrl+J】）命令，在弹出的"文档属性"对话框中设置"尺寸"为"720 像素×576 像素"，"背景颜色"为黑色（#000000），"帧频"为 25fps（见图 6-36），单击"确定"按钮。

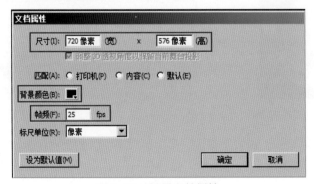

图 6-36　设置文档属性

3）为了充分表现出尘土扩散的效果，下面采用逐帧绘制的方法绘制 20 种尘土扩散状态，如图 6-37 所示。

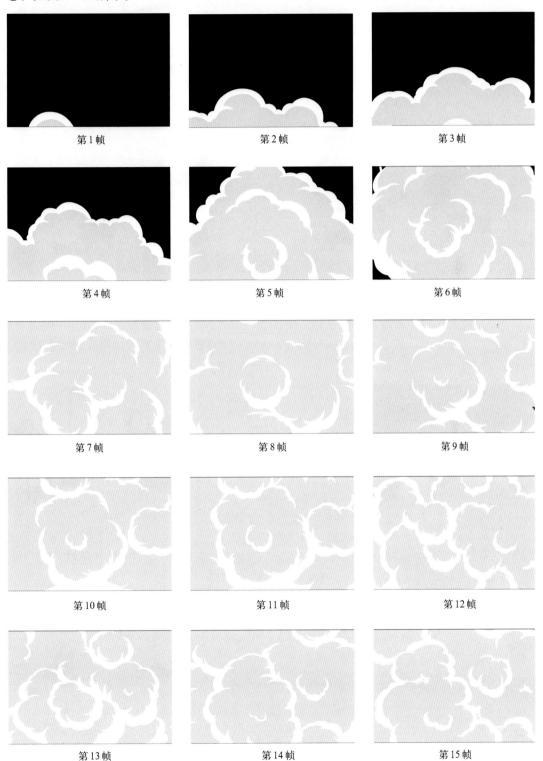

图 6-37　在不同帧绘制不同的尘土扩散状态

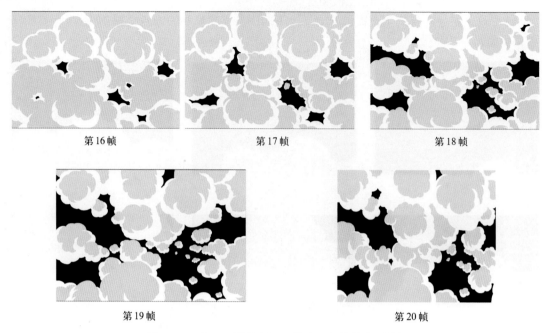

第16帧　　　　　　　　　　第17帧　　　　　　　　　　第18帧

第19帧　　　　　　　　　　　　　　第20帧

图6-37　在不同帧绘制不同的尘土扩散状态（续）

4）至此，尘土扩散效果制作完毕。按【Ctrl+Enter】组合键测试影片，即可看到效果，如图6-38所示。图6-39所示为Flash动画片《我要打鬼子》中烟雾从产生到消散的效果。

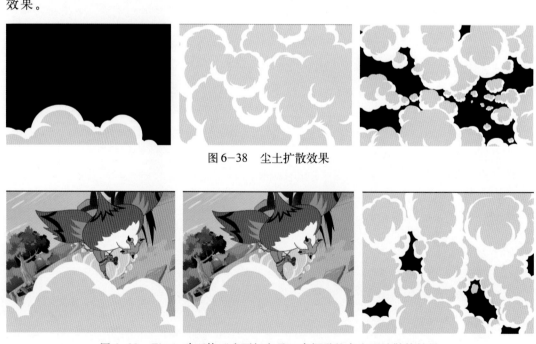

图6-38　尘土扩散效果

图6-39　Flash动画片《我要打鬼子》中烟雾从产生到消散的效果

6.3 下雪效果

 制作要点

本例将制作动画片中常见的下雪效果，如图6-40所示。通过本例的学习，读者应掌握在Flash中制作下雪效果的方法。

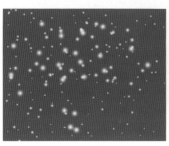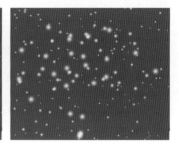

图6-40 下雪效果

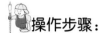 **操作步骤：**

本例下雪效果中包括大雪花和小雪花两种雪花粒子，因此在制作雪花飘落效果时要将它们分别进行处理。

1. 制作大雪花飘落效果

1）新建一个Flash（ActionScript 2.0）文件。

2）选择"修改"｜"文档"（快捷键【Ctrl+J】）命令，在弹出的"文档属性"对话框中设置"尺寸"为"720像素×576像素"，"背景颜色"为"蓝色（＃0000FF）"，"帧频"为25fps（见图6-41），单击"确定"按钮。

3）选择"插入"｜"新建元件"（快捷键【Ctrl+F8】）命令，然后在弹出的对话框中设置参数如图6-42所示，单击"确定"按钮，进入"大雪花"图形元件的编辑状态。

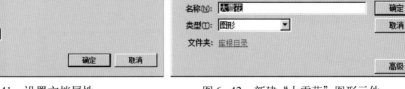

图6-41 设置文档属性　　　　　　　图6-42 新建"大雪花"图形元件

4）在"大雪花"图形元件中，利用工具箱中的 （椭圆工具），配合【Shift】键绘制一个宽度和高度均为125像素的圆，如图6-43所示。然后在"颜色"面板中设置其填充色，如图6-44所示。

图 6-43　绘制作为大雪花的正圆形

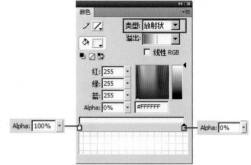

图 6-44　设置渐变色

5）选择"插入"|"新建元件"（快捷键【Ctrl+F8】）命令，然后在弹出的对话框中设置参数如图 6-45 所示，单击"确定"按钮，进入"大雪花沿引导线下落"图形元件的编辑状态。

6）将"库"中的"大雪花"图形元件拖入"大雪花沿引导线下落"图形元件中。然后在第 200 帧按【F6】键插入关键帧。接着右击"时间轴"中的"图层 1"，从弹出的快捷菜单中选择"添加传统运动引导层"命令，从而新建一个引导层，如图 6-46 所示。接着选择工具箱中的 ✎（铅笔工具）绘制大雪花的运动路径，如图 6-47 所示。最后在第 1 帧，将"大雪花"图形元件放置到路径的上端，在第 200 帧，将"大雪花"图形元件放置到路径的下端。

图 6-45　新建"大雪花沿引导线下落"图形元件

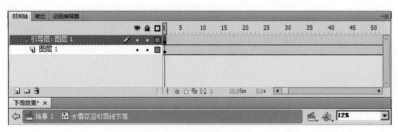

图 6-46　新建引导层

图 6-47　在引导层上绘制
大雪花运动的路径

此处需要制作长度为8秒的雪花飘落动画，目前帧频是25fps，因此帧的总长度为200帧。

7）在"图层1"图层中创建传统补间动画。然后按【Enter】键播放动画即可看到大雪花沿路径下落的效果。

8）但此时大雪花下落是匀速的，不是很自然。下面根据需要，在"图层1"的不同帧上按【F6】键插入关键帧。然后根据雪花飘落的运动规律调整大雪花的位置，如图6-48所示。此时时间轴分布如图6-49所示。

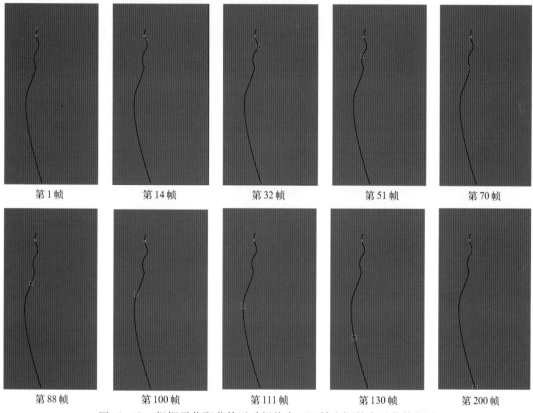

图 6-48　根据雪花飘落的运动规律在不同帧上调整大雪花的位置

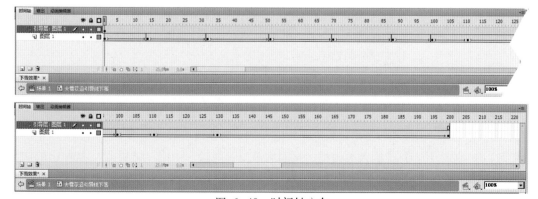

图 6-49　时间轴分布

2. 制作小雪花飘落效果

1）选择"插入"|"新建元件"（快捷键【Ctrl+F8】）命令，然后在弹出的对话框中设置参数如图6-50所示，单击"确定"按钮，进入"小雪花"图形元件的编辑状态。

图6-50　新建"小雪花"图形元件

2）在"小雪花"图形元件中，利用工具箱中的 ○（椭圆工具），配合【Shift】键绘制一个宽度和高度均为5像素的圆，如图6-51所示。然后在"颜色"面板中设置其填充色，如图6-52所示。

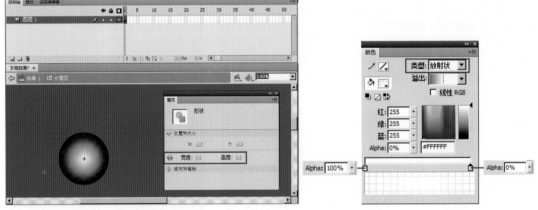

图6-51　绘制作为小雪花的圆　　　　　　图6-52　设置渐变色

3）选择"插入"|"新建元件"（快捷键【Ctrl+F8】）命令，然后在弹出的对话框中设置参数如图6-53所示，单击"确定"按钮，进入"小雪花沿引导线下落1"图形元件的编辑状态。

图6-53　新建"小雪花沿引导线下落1"图形元件

4）将"库"中的"小雪花"图形元件拖入"小雪花沿引导线下落1"图形元件中。然后在第200帧按【F6】键插入关键帧。接着右击"时间轴"中的"图层1"，从弹出的快捷菜单中选择"添加传统运动引导层"命令，从而新建一个引导层。接着利用工具箱中的 ✎（铅笔工具）绘制小雪花运动的路径，如图6-54所示。再在第1帧，将"小雪花"图形元

件放置到路径的上端，在第200帧，将"小雪花"图形元件放置到路径的下端。最后在"图层1"中创建传统补间动画，此时时间轴分布如图6-55所示。

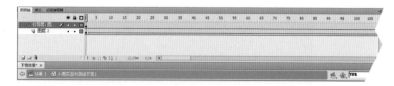

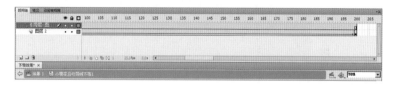

图6-54　绘制小雪花运动的路径　　　　图6-55　　"小雪花沿引导线下落1"图形元件的时间轴分布

5）为了使小雪花飘落的方向比较随意，不会过于单调。下面在库面板中复制一个"小雪花沿引导线下落1"图形元件，然后将其重命名为"小雪花沿引导线下落2"，接着调整小雪花运动的路径，如图6-56所示。

3．制作小雪花不间断的从空中飘落效果

1）选择"插入"|"新建元件"（快捷键【Ctrl+F8】）命令，然后在弹出的对话框中设置参数如图6-57所示，单击"确定"按钮，进入"小雪花飘落组合"图形元件的编辑状态。

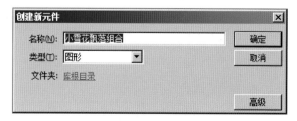

图6-56　制作小雪花运动的路径　　　　图6-57　新建"小雪花飘落组合"图形元件

2）从库中反复将"小雪花沿引导线下落1"和"小雪花沿引导线下落2"图形元件拖入到"小雪花飘落组合"图形元件中，如图6-58所示。然后在"图层1"的第200帧，按【F5】键插入普通帧，从而将时间轴的总长度延长到200帧。

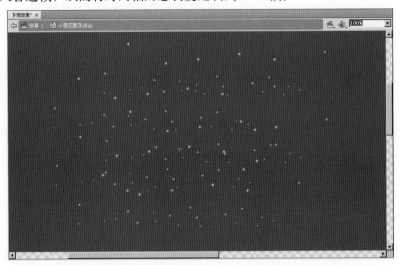

图6-58　反复将"小雪花沿引导线下落1"和"小雪花沿引导线下落2"拖入到"小雪花飘落组合"图形元件中

3）按【Enter】键播放动画，即可看到漫天飞舞的雪花飘落效果。

4）此时雪花飘落后就不再有新的雪花出现了，这是不正确的，下面就来解决这个问题。具体操作步骤如下：新建"图层2"，然后在"图层2"的第14帧按【F7】键插入空白关键帧。接着将"小雪花沿引导线下落1"和"小雪花沿引导线下落2"图形元件拖入"小雪花飘落组合"图形元件中并放置到上方（见图6-59），这样就可以保证在第14帧有新的雪花飘落。

图6-59　在"图层2"的第14帧将"小雪花沿引导线下落1"和"小雪花沿引导线下落2"拖入到"小雪花飘落组合"图形元件并放置到上方

5）同理，分别在"图层2"的第34帧、86帧、126帧和166帧处按【F7】键插入空白关键帧。然后将"小雪花沿引导线下落1"和"小雪花沿引导线下落2"图形元件拖入到"小雪花飘落组合"图形元件中并放置到上方，此时时间轴分布如图6-60所示。

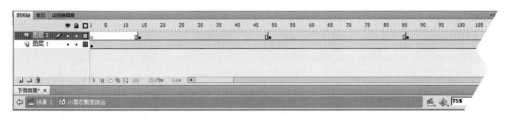

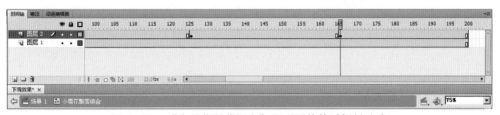

图6-60　"小雪花飘落组合"图形元件的时间轴分布

4．制作大小不同的雪花飘落效果

1）选择"插入"｜"新建元件"（快捷键【Ctrl+F8】）命令，然后在弹出的对话框中设置参数如图6-61所示，单击"确定"按钮，进入"大小不同的雪花飘落"图形元件的编辑状态。

2）将"图层1"重命名为"大雪花沿引导线飘落1"，然后从库中反复将"大雪花沿引导线下落"图形元件拖入"大小不同的雪花飘落"图形元件中，如图6-62所示。

图6-61　新建"大小不同的雪花飘落"图形元件

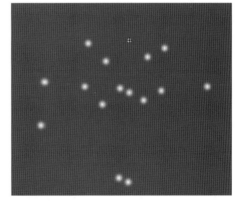

图6-62　从库中反复将"大雪花沿引导线下落"图形元件拖入"大小不同的雪花飘落"图形元件中

3）同理，新建"大雪花沿引导线飘落2"、"大雪花沿引导线飘落3"和"大雪花沿引导线飘落4"层，然后在库中反复将"大雪花沿引导线下落"图形元件拖入"大小不同的雪花飘落"图形元件中并适当调整大小，如图6-63所示。

4）新建"小雪花飘落组合"层，然后从库中将"小雪花飘落组合"图形元件拖入"大小不同的雪花飘落"图形元件中。图6-64所示为"大小不同的雪花飘落"图形元件的最终效果。

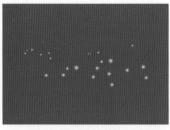
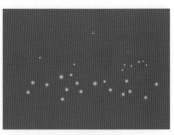

"大雪花沿引导线飘落 2"层　　　　　　"大雪花沿引导线飘落 3"层　　　　　　"大雪花沿引导线飘落 4"层

图 6-63　将不同层中的图形文件拖入"大小不同的雪花飘落"图形元件中并适当调整大小

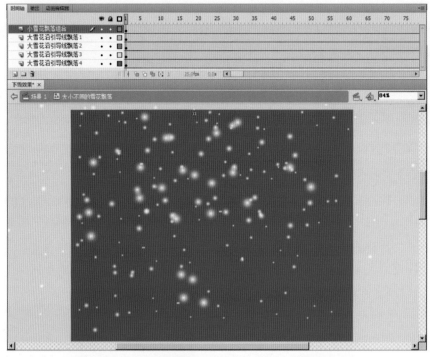

图 6-64　"大小不同的雪花飘落"图形元件的最终效果

5）单击 场景 1 按钮，回到场景 1。然后从库中将"大小不同的雪花飘落"图形元件拖入舞台。然后在时间轴的第 200 帧，按【F5】键插入普通帧。

6）至此，整个动画制作完毕。按【Ctrl+Enter】组合键测试影片，即可看到漫天飞舞的雪花效果，如图 6-65 所示。图 6-66 所示为 Flash 动画片《我要打鬼子》中下雪的效果。

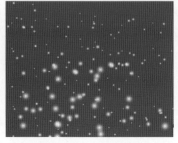
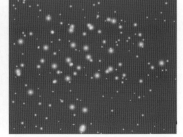

图 6-65　下雪效果

图6-66　Flash动画片《我要打鬼子》中的下雪效果

6.4　火焰燃烧效果

制作要点

　　本例将制作火焰燃烧效果，如图6-67所示。通过本例的学习，读者应掌握在Flash中制作火焰燃烧的方法。

图6-67　火焰燃烧效果

操作步骤：

　　1．制作单个火焰燃烧效果

　　1）新建一个Flash（ActionScript 2.0）文件。

　　2）选择"修改"｜"文档"（快捷键【Ctrl+J】）命令，在弹出的"文档属性"对话框中设置"尺寸"为"720像素×576像素"，"帧频"为25fps，"背景颜色"为黑色（#000000）（见图6-68），单击"确定"按钮。

　　3）选择"插入"｜"新建元件"（快捷键【Ctrl+F8】）命令，然后在弹出的对话框中设置参数如图6-69所示，单击"确定"按钮，进入"单个火焰"图形元件的编辑状态。

图6-68　设置文档属性　　　　　　　图6-69　新建"单个火焰"图形元件

171

4）在"单个火焰"图形元件中，将准备好的相关素材拼合成火焰燃烧的一个状态，如图6-70所示。

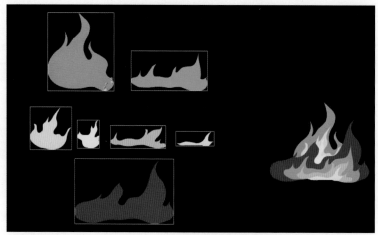

图6-70　拼合成火焰燃烧的状态

5）分别在第3帧、第5帧、第7帧、第9帧、第11帧和第13帧按【F7】键插入空白关键帧，然后利用准备好的火焰相关素材拼合成火焰燃烧动作循环中的其他状态，如图6-71所示。此时时间轴分布如图6-72所示。

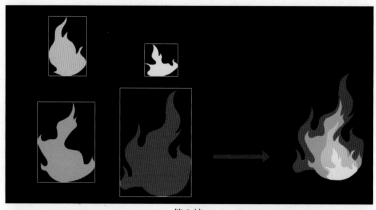

第3帧

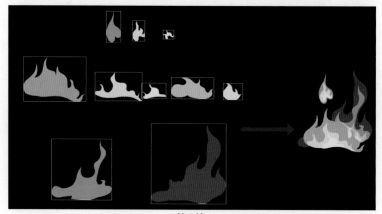

第5帧

图6-71　在不同帧拼合成火焰燃烧动作循环中的其他状态

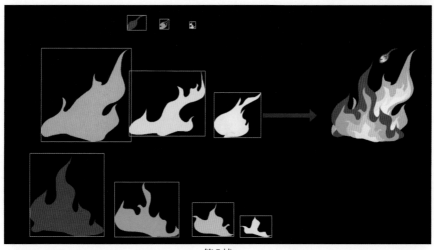

第7帧

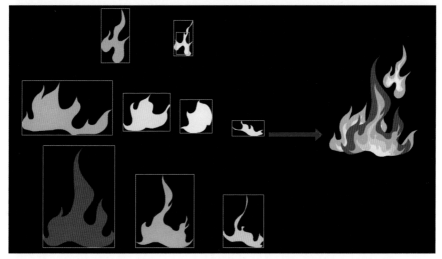

第9帧

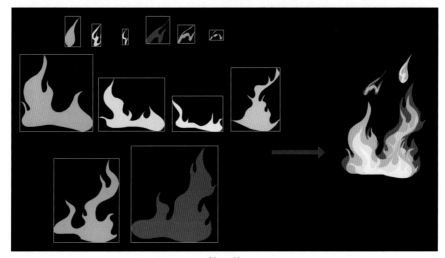

第11帧

图6-71　在不同帧拼合成火焰燃烧动作循环中的其他状态（续）

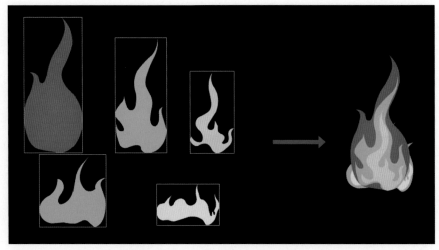

第13帧

图6-71　在不同帧拼合成火焰燃烧动作循环中的其他状态（续）

图6-72　"单个火焰"图形元件的时间轴分布

2．制作多个火焰燃烧的效果

1）选择"插入"｜"新建元件"（快捷键【Ctrl+F8】）命令，然后在弹出的对话框中设置参数如图6-73所示，单击"确定"按钮，进入"多个火焰"图形元件的编辑状态。然后从库中将"单个火焰"图形元件拖入舞台，并通过旋转、缩放和调整Alpha值，使它们形成错落有致的效果，如图6-74所示。接着在时间轴的第14帧按【F5】键插入普通帧。此时时间轴分布如图6-75所示。

图6-73　新建"多个火焰"图形元件

图6-74　多个火焰的效果

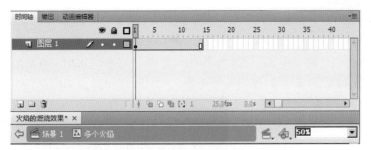

图6-75 "多个火焰"图形元件的时间轴分布

2）选择"插入"｜"新建元件"（快捷键【Ctrl+F8】）命令，然后在弹出的对话框中设置参数如图6-76所示，单击"确定"按钮，进入"柔化"图形元件的编辑状态。然后利用工具箱中的 ◯（椭圆工具）绘制一个笔触颜色为无色，填充为不同Alpha值的黄色放射状渐变的椭圆形，如图6-77所示。

图6-76 新建"柔化"图形元件

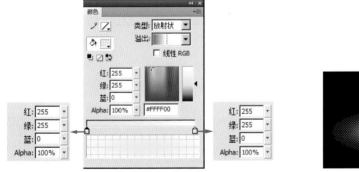

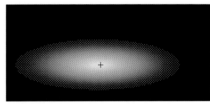

图6-77 绘制不同Alpha值的黄色放射状渐变的椭圆形

3）分别在第7帧和第14帧按【F6】键插入关键帧。然后利用工具箱中的 ▦（任意变形工具）适当缩放第7帧的椭圆形。接着创建第1～14帧之间的补间形状动画，制作出火焰燃烧时下方光的闪动效果。此时时间轴分布如图6-78所示。

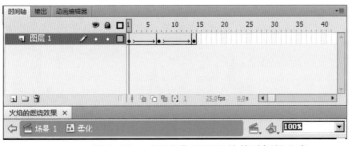

图6-78 "柔化"图形元件的时间轴分布

4）选择"插入"|"新建元件"（快捷键【Ctrl+F8】）命令，然后在弹出的对话框中设置参数如图 6−79 所示，单击"确定"按钮，进入"火焰组合"图形元件的编辑状态。接着从库中将"多个火焰"和"柔化"图形元件拖入舞台，并进行组合，如图 6−80 所示。最后在时间轴的第 14 帧，按【F5】键插入普通帧。此时时间轴分布如图 6−81 所示。

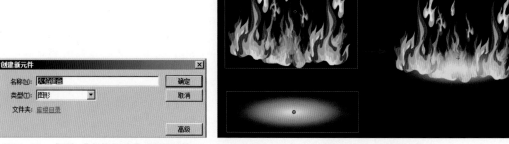

图 6−79　新建"火焰组合"图形元件　　　　　　　　图 6−80　火焰组合

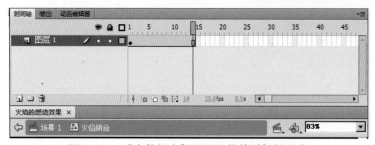

图 6−81　"火焰组合"图形元件的时间轴分布

5）单击 场景1 按钮，回到场景 1。然后从库中将"火焰组合"图形元件拖入舞台。接着在时间轴的第 14 帧，按【F5】键插入普通帧。此时时间轴分布如图 6−82 所示。

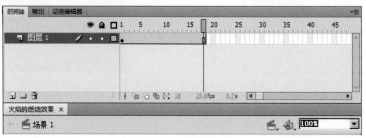

图 6−82　时间轴分布

6）至此，火焰的燃烧效果制作完毕。按【Ctrl+Enter】组合键测试影片，即可看到效果，如图 6−83 所示。图 6−84 所示为 Flash 动画片《我要打鬼子》中火焰的燃烧效果。

图 6−83　火焰的燃烧效果

图6-84　Flash动画片《我要打鬼子》中火焰的燃烧效果

6.5　人物哭时流泪的效果

制作要点

　　本例将制作人物哭时流泪的效果，如图6-85所示。通过本例的学习，读者应掌握在Flash中制作流泪效果的方法。

图6-85　人物哭时流泪的效果

操作步骤：

　　1．制作"流泪"图形元件

　　1）新建一个Flash（ActionScript 2.0）文件。

　　2）选择"修改"｜"文档"（快捷键【Ctrl+J】）命令，在弹出的"文档属性"对话框中设置"尺寸"为"720像素×576像素"，"背景颜色"为"黑色（#000000）"，"帧频"为25fps（见图6-86），单击"确定"按钮。

　　3）选择"插入"｜"新建元件"（快捷键【Ctrl+F8】）命令，然后在弹出的对话框中设置参数如图6-87所示，单击"确定"按钮，进入"泪水"图形元件的编辑状态。

图6-86　设置文档属性

图6-87　新建"泪水"图形元件

4）在"泪水"图形元件中，利用工具箱中的 ✎（铅笔工具）绘制作为泪水的轮廓图形，如图6-88所示。然后利用 ⬤（颜料桶工具）将其填充为浅蓝色（#B9DCF0），如图6-89所示。

图6-88　绘制作为泪水的轮廓图形

图6-89　填充后的效果

5）分别在第2～4帧，按【F7】键插入空白关键帧。然后绘制相关的图形，并将其填充为浅蓝色（#B9DCF0），如图6-90所示。

第2帧　　　　　　　　　第3帧　　　　　　　　　第4帧

图6-90　在不同帧上绘制图形并填充颜色

6）为了增加泪水的立体感，下面新建"图层2"，然后利用 ✎（画笔工具）分别在第1～4帧绘制白色高光图形，如图6-91所示。此时的时间轴分布如图6-92所示。

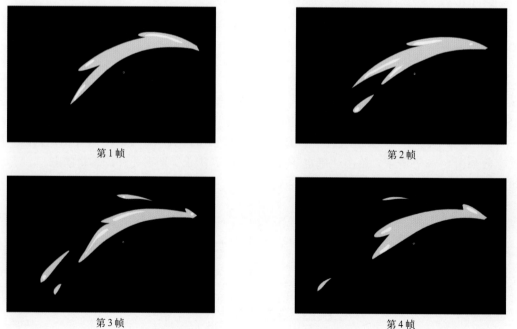

第1帧

第2帧

第3帧

第4帧

图6-91　在不同帧绘制白色高光图形

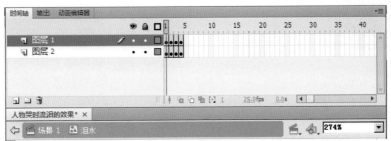

图6-92　"泪水"图形元件的时间轴分布

2．制作"哭时的嘴部变化"图形元件

人物大哭时的嘴部变化为张开嘴，随着吸气时嘴部进一步张大，呼气时嘴部适当缩小。这个动作需要两帧完成。

1）选择"插入"｜"新建元件"（快捷键【Ctrl+F8】）命令，然后在弹出的对话框中设置参数如图6-93所示，单击"确定"按钮，进入"哭时的嘴部变化"图形元件的编辑状态。

2）在"哭时的嘴部变化"图形元件中，利用工具箱中的 ✏（铅笔工具）绘制嘴部图形，

图6-93　新建"哭时的嘴部变化"图形元件

如图6-94所示。然后将相应的部分填充上不同的颜色，如图6-95所示。接着选中嘴部的所有图形，按【Ctrl+G】组合键组合图形。

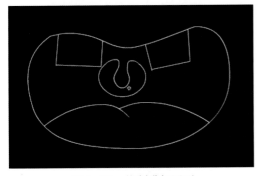

图6-94　绘制嘴部图形

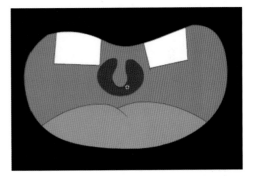

图6-95　将相应的部分填充上不同的颜色

3）在第2帧按【F6】键插入关键帧。然后适当放大成组后的图形，从而制作出人物哭时吸气过程中张大嘴的效果，如图6-96所示。此时时间轴分布如图6-97所示。

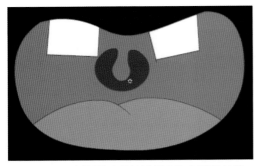

图6-96　人物哭时吸气过程中张大嘴的效果

图6-97　"哭时的嘴部变化"图形元件时间轴分布

3．拼合人物流泪效果

1）单击 场景 1 按钮，回到场景 1。然后将"图层 1"重命名为"脸部"，利用 [钢笔工具] 和 [椭圆工具] 绘制人物的脸部图形，然后利用 [颜料桶工具] 将相应的部分填充上不同颜色，如图 6-98 所示。

2）新建"泪水"层，然后从库中将"泪水"图形元件拖入舞台，放置位置如图 6-99 所示。

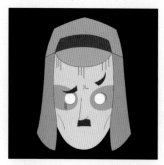

图 6-98　绘制脸部图形

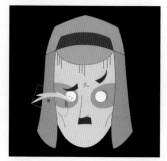

图 6-99　将"泪水"图形元件拖入舞台

3）按住【Alt+Shift】组合键，将"泪水"图形元件复制到另一侧，如图 6-100 所示，然后选择"修改"｜"变形"｜"水平翻转"命令，将其进行水平翻转，结果如图 6-101 所示。

图 6-100　复制"泪水"图形元件

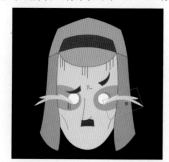

图 6-101　水平翻转"泪水"图形元件

4）新建"嘴部"图层，然后从库中将"哭时的嘴部变化"图形元件拖入舞台，放置位置如图 6-102 所示。

5）同时选中"嘴部"、"泪水"和"脸部"图层，然后在第 40 帧按【F5】键插入普通帧。此时时间轴分布如图 6-103 所示。

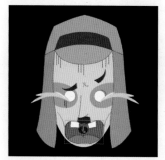

图 6-102　将"哭时嘴部的变化"
图形元件拖入舞台

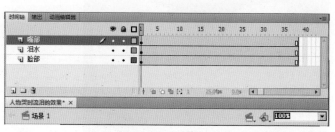

图 6-103　时间轴分布

6）至此，人物哭时流泪的效果制作完毕。按【Ctrl+Enter】组合键测试影片，即可看到人物哭时流泪的效果，如图6-104所示。图6-105所示为Flash动画片《我要打鬼子》中的中岛哭时流泪的效果。

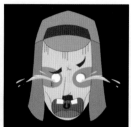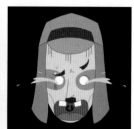

图6-104　人物哭时流泪的效果

图6-105　Flash动画片《我要打鬼子》中的中岛哭时流泪的效果

6.6　水花溅起的效果

制作要点

本例将制作人物落水后水花溅起的效果，如图6-106所示。通过本例的学习，应掌握在Flash中制作水花溅起效果的方法。

图6-106　水花溅起的效果

181

操作步骤:

1. 制作"水花"图形元件

1）新建一个 Flash（ActionScript 2.0）文件。

2）选择"修改"｜"文档"（快捷键【Ctrl+J】）命令，在弹出的"文档属性"对话框中设置"尺寸"为"720 像素×576 像素"，"背景颜色"为"深蓝色（#000033）"，"帧频"为 25fps（见图 6-107），单击"确定"按钮。

图 6-107　设置文档属性

3）选择"插入"｜"新建元件"（快捷键【Ctrl+F8】）命令，在弹出的对话框中设置参数如图 6-108 所示，单击"确定"按钮，进入"水花"图形元件的编辑状态。

4）在"水花 1"图形元件中，利用工具箱中的 绘制作为溅起水花的图形，然后将其填充为白色，接着利用 绘制浅蓝色的图形，从而使溅起的水花具有立体感，如图 6-109 所示。

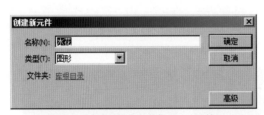

图 6-108　新建"水花"图形元件

图 6-109　绘制溅起水花图形

5）分别在第 3 帧、第 5 帧、第 7 帧、第 9 帧、第 11 帧、第 13 帧、第 15 帧、第 17 帧、第 19 帧按【F6】键插入关键帧，然后根据溅起水花的运动规律分别绘制并调整这些帧中水花的形状，如图 6-110 所示。

第 3 帧

第 5 帧

第 7 帧

图 6-110　在不同帧绘制并调整溅起水花的图形

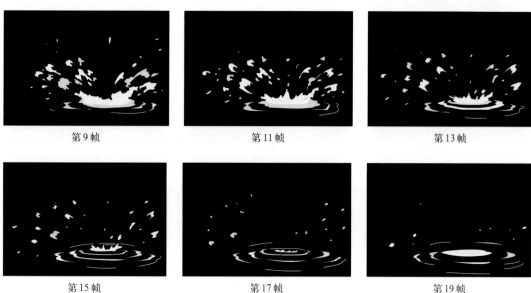

第9帧	第11帧	第13帧

第15帧	第17帧	第19帧

图6-110　在不同帧绘制并调整溅起水花的图形（续）

6）为了使水花落下后停留一段时间，下面在第21帧按【F7】键插入空白关键帧，然后在第40帧按【F5】键插入普通帧，此时时间轴分布如图6-111所示。

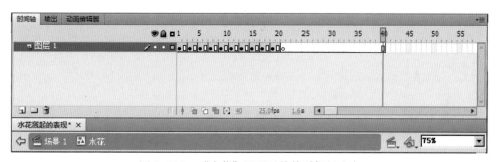

图6-111　"水花"图形元件的时间轴分布

2．制作"涟漪"图形元件

为了使水花溅起落下后的涟漪效果更加真实，下面创建"涟漪"图形元件。

1）选择"插入"｜"新建元件"（快捷键【Ctrl+F8】）命令，然后在弹出的对话框中设置参数如图6-112所示，单击"确定"按钮，进入"涟漪"图形元件的编辑状态。

2）在"涟漪"图形元件中，利用工具箱中的 （画笔工具）绘制涟漪图形，如图6-113所示。

图6-112　新建"涟漪"图形元件

图6-113　绘制涟漪图形

3）分别在第 3 帧、第 5 帧、第 7 帧、第 9 帧、第 11 帧按【F6】键插入关键帧，然后分别绘制并调整这些帧中涟漪的形状，如图 6-114 所示。接着在第 14 帧按【F5】键插入普通帧，此时时间轴分布如图 6-115 所示。

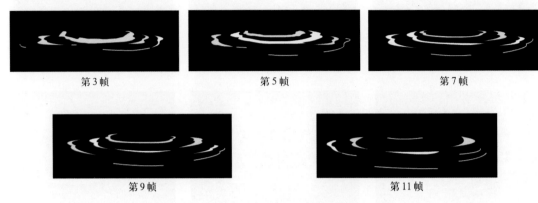

图 6-114　在不同帧绘制并调整涟漪的形状

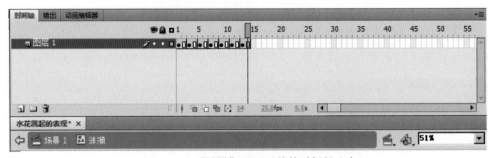

图 6-115　"涟漪"图形元件的时间轴分布

3. 拼合水花溅起的效果

1）单击 [场景1] 按钮，回到场景 1。然后从库中将"水花"和"涟漪"图形元件拖入舞台，放置位置如图 6-116 所示。接着在时间轴的第 35 帧，按【F5】键插入普通帧，此时时间轴分布如图 6-117 所示。

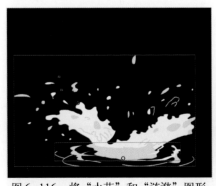

图 6-116　将"水花"和"涟漪"图形
元件拖入舞台

图 6-117　时间轴分布

2）至此，水花溅起的效果制作完毕。按【Ctrl+Enter】组合键测试影片，即可看到水

花溅起的效果，如图6-118所示。图6-119所示为Flash动画片《我要打鬼子》中的中岛落水后水花溅起的效果。

图6-118　刮风效果

图6-119　中岛落水后水花溅起的效果

6.7　蝉的鸣叫效果

制作要点

本例将制作树上的蝉鸣叫时的动画效果，如图6-120所示。通过本例的学习，读者应掌握在Flash中制作蝉鸣叫效果的方法。

图6-120　蝉的鸣叫效果

操作步骤：

1）新建一个 Flash（ActionScript 2.0）文件。

2）选择"修改"｜"文档"（快捷键【Ctrl+J】）命令，在弹出的"文档属性"对话框中设置"尺寸"为"720 像素×576 像素"，"帧频"为 25fps（见图 6-121），单击"确定"按钮。

图 6-121   设置文档属性

3）选择"文件"｜"导入"｜"导入到舞台"（快捷键【Ctrl+R】）命令，导入配套光盘中的"素材及结果＼第 6 章   运动规律技巧演练＼6.7 蝉的鸣叫效果＼背景.jpg"图片。然后在"对齐"面板中单击 品 和 ▫▫ 按钮，将其居中对齐，如图 6-122 所示。接着在第 80 帧，按【F5】键插入普通帧，从而时间轴的总长度延长到第 80 帧。

图 6-122   将置入的"背景.jpg"图片居中对齐

4）选择"插入"｜"新建元件"（快捷键【Ctrl+F8】）命令，然后在弹出的对话框中设置参数如图 6-123 所示，单击"确定"按钮，进入"蝉的鸣叫"图形元件的编辑状态。

图 6-123   新建"蝉的鸣叫"图形元件

5）蝉鸣叫包括 4 个姿势。下面首先在"蝉的鸣叫"图形元件中将准备好的相关素材拼合成蝉的一个姿势，如图 6-124 所示。

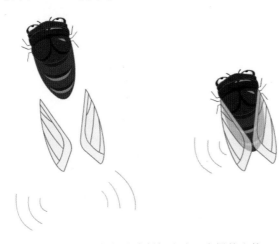

图 6-124　将相关素材拼合成一个蝉的姿势

6）分别在第 3 帧、第 5 帧和第 7 帧按【F6】键插入关键帧。然后分别将这些帧调整出蝉的其余 3 个姿势，如图 6-125 所示。

第 3 帧　　　　　　　　　　　　　　　　第 5 帧

第 7 帧

图 6-125　在不同帧调整出蝉的其余 3 个姿势

 提　示

第 3 帧和第 7 帧蝉的姿势是相同的，只是表现蝉鸣叫的声波图形有些区别。

7）在第 8 帧按【F5】键插入普通帧。此时时间轴分布如图 6-126 所示。

图 6-126　"蝉的鸣叫"图形元件的时间轴分布

8）单击 场景1 按钮，回到场景 1。然后新建"蝉的鸣叫"层，从库中将"蝉的鸣叫"图形元件拖入舞台，放置位置如图 6-127 所示。此时时间轴分布如图 6-128 所示。

图 6-127　将"蝉的鸣叫"图形元件拖入舞台并放置在相应位置

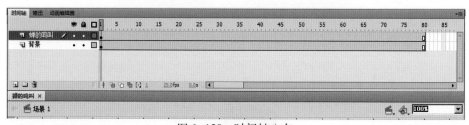

图 6-128　时间轴分布

9）至此，蝉的鸣叫效果制作完毕。按【Ctrl+Enter】组合键测试影片，即可看到效果，如图 6-129 所示。

图 6-129　蝉的鸣叫效果

6.8　利用模糊表现运动速度的效果

制作要点

　　本例将制作两种运动速度的表现效果。一种是表现母猪在树下不断跑动时的运动速度，如图6-130所示；一种是表现鬼子中岛围绕着石磨捉鸡的运动速度，如图6-131所示。通过本例的学习，读者应掌握在Flash中利用模糊效果制作运动速度的方法。

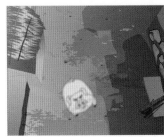

图6-130　母猪在树下不断跑动时的速度线

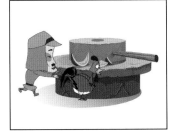

图6-131　鬼子中岛围绕着石磨捉鸡的速度线

操作步骤：

1. 制作母猪在树下跑的效果

1）新建一个Flash（ActionScript 2.0）文件。

2）选择"修改"｜"文档"（快捷键【Ctrl+J】）命令，在弹出的"文档属性"对话框中设置"尺寸"为"720像素×576像素"，"帧频"为25fps（见图6-132），单击"确定"按钮。

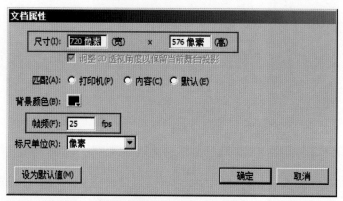

图6-132　设置文档属性

3）选择"文件"｜"导入"｜"导入到舞台"（快捷键【Ctrl+R】）命令，导入配套光盘中的"素材及结果＼第6章　运动规律技巧演练＼6.8利用模糊表现运动速度的效果＼背景.jpg"图片。然后在"对齐"面板中单击 ⤓ 和 ⟷ 按钮，将其居中对齐，如图6-133所示。接着在第40帧，按【F5】键插入普通帧，从而时间轴的总长度延长到第40帧。最后将"图层1"层重命名为"背景"层。

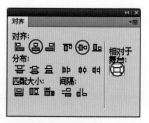

图6-133　将置入的"背景.jpg"图片居中对齐

4）选择"插入"｜"新建元件"（快捷键【Ctrl+F8】）命令，然后在弹出的对话框中设置参数如图6-134所示，单击"确定"按钮，进入"猪头"图形元件的编辑状态。接着在"猪头"图形元件中绘制出猪头的形状，如图6-135所示。

图6-135　在"猪头"图形元件中绘制出猪头形状

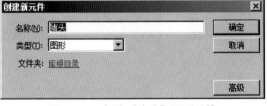

图6-134　新建"猪头"图形元件

5）选择"插入"｜"新建元件"（快捷键【Ctrl+F8】）命令，然后在弹出的对话框中设置参数如图6-136所示，单击"确定"按钮，进入"猪的身体"图形元件的编辑状态。接着在"猪的身体"图形元件中绘制出猪的身体形状，如图6-137所示。

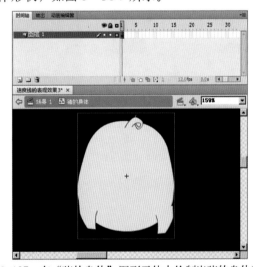

图6-136　新建"猪的身体"图形元件　　图6-137　在"猪的身体"图形元件中绘制出猪的身体形状

6）单击 场景1 按钮，回到场景1。然后在"背景"层的上方新建"母猪　"层，然后从库中将"猪头"和"猪的身体"图形元件拖入舞台，并拼合成一个姿势，如图6-138所示。接着选择"修改"｜"组合"命令，将它们组成组。

7）分别在"母猪"层的第7帧、第13帧、第19帧、第25帧、第31帧和第37帧按【F6】键插入关键帧。然后调整这些帧中的母猪的位置和旋转角度，如图6-139所示，从而制作出母猪围绕着树跑的效果。

图6-138　将"猪头"和"猪的身体"图形元件拼合成一个姿势

第 7 帧

第 13 帧

第 19 帧

第 25 帧

第 31 帧

第 37 帧

图 6-139　不同帧中母猪的位置和旋转角度

2．制作母猪在树下跑动时的运动速度效果

下面通过对图像进行高斯模糊来表现母猪在树下跑动时的运动速度效果。

1）在"母猪"层的第 1 帧按【Ctrl+C】组合键进行复制。然后选择"文件"｜"新建"命令，新建一个 Flash（ActionScript 2.0）文件。接着按【Ctrl+V】组合键进行粘贴，如图 6-140 所示。

2）选择"文件"｜"导出"｜"导出图像"命令，在弹出的"导出图像"对话框中设置"文件名"为"模糊"，"保存类型"为"PNG(png)"，如图 6-141 所示，单击"保存"按钮，接着在弹出的"导出 PNG"对话框中设置参数如图 6-142 所示，单击"确定"按钮。

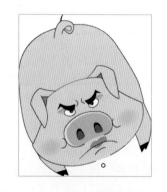
图 6-140　将第 1 帧的母猪组合
图形粘贴到新文件中

➕ 提　示

PNG 格式的图像支持背景透明，将文件导出为 PNG 格式，是为了去除背景。

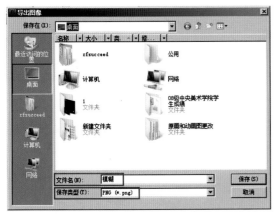

图 6-141 设置"导出图像"参数

图 6-142 设置"导出 PNG"的相关参数

3）启动 Photoshop，选择"文件"｜"打开"命令，打开刚才导出的"模糊.png"文件，如图 6-143 所示。

4）此时图像的主体离边界过近，为了便于制作模糊效果，下面将图像尺寸调大。具体操作步骤如下：选择"图像"｜"画布大小"命令，弹出图 6-144 所示的对话框。将"宽度"和"高度"的尺寸各增加 1 厘米（见图 6-145），单击"确定"按钮，结果如图 6-146 所示。

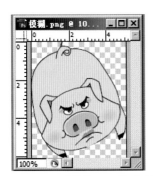

图 6-143 "模糊.png"文件

图 6-144 "模糊.png"文件的画布大小

图 6-145 将"宽度"和"高度"的尺寸各增加 1 厘米

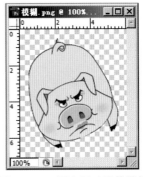

图 6-146 调大尺寸后的效果

5）对图像进行高斯模糊处理，从而制作出母猪跑动时的速度线效果。具体操作步骤如下：选择"滤镜"|"模糊"|"高斯模糊"命令，在弹出的对话框中设置参数如图 6-147 所示，单击"确定"按钮，效果如图 6-148 所示。

图 6-147 设置"高斯模糊"参数

图 6-148 "高斯模糊"后的效果

6）按【Ctrl+S】组合键，保存"高斯模糊"后的图像文件。

7）回到 Flash CS4 中，在"母猪"层的第 4 帧按【F6】键插入关键帧。然后按【Delete】键删除该帧中的母猪组合。接着选择"文件"|"导入"|"导入到舞台"命令，导入高斯模糊后的"模糊.png"图像，放置位置如图 6-149 所示。最后选择导入的"模糊.png"图像，按【Ctrl+C】组合键进行复制。

➕ 提 示

第 4 帧"模糊.png"图像位于第 1 帧和第 7 帧之间，如图 6-150 所示。

图 6-149 在第 4 帧放置"模糊.png"图像的位置

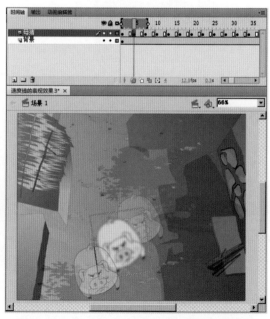

图 6-150 第 4 帧中的图像与前后帧的位置关系

8）同理，分别在"母猪"层的第10帧、第16帧、第22帧、第28帧和第34帧按
【F6】键插入关键帧。然后按【Delete】键删除该帧舞台中的母猪组合。接着分别在这
些帧中按【Ctrl+V】组合键，从而将第4帧的"模糊.png"图像粘贴到这些帧。最后
根据前后帧母猪组合的位置关系分别调整这些帧中的"模糊.png"图像的角度和位置，
如图6-151所示。

第10帧　　　　　　　　　　　　　　　第16帧

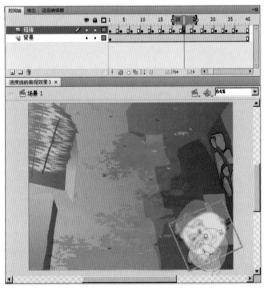

第22帧　　　　　　　　　　　　　　　第28帧

图6-151　分别在"母猪"层的不同帧调整"模糊.png"图像的角度和位置

第 34 帧

图 6-151　分别在 "母猪" 层的不同帧调整 "模糊.png" 图像的角度和位置 (续)

9) 至此, 速度线的表现效果制作完毕。按【Ctrl+Enter】组合键测试影片, 即可看到效果, 如图 6-152 所示。图 6-153 所示为 Flash 动画片《我要打鬼子》中母猪在树下不断跑动时速度线的表现效果。

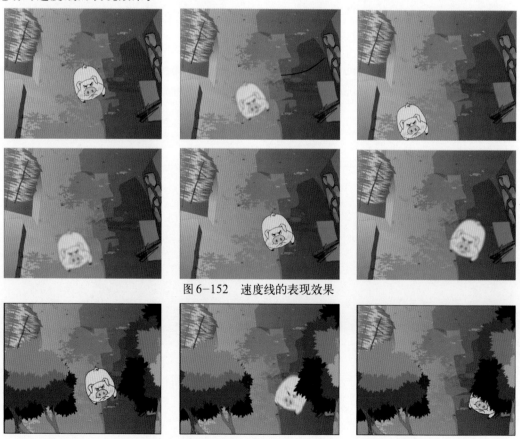

图 6-152　速度线的表现效果

图 6-153　Flash 动画片《我要打鬼子》中母猪在树下不断跑动时速度线的表现效果

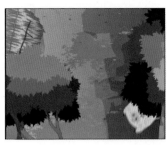  

图6-153　Flash动画片《我要打鬼子》中母猪在树下不断跑动时速度线的表现效果（续）

3．制作鬼子中岛围绕着石磨捉鸡时的运动速度效果

这里通过对图像进行径向模糊来制作运动速度效果。

1）首先制作出中岛围绕着石磨捉鸡的动画，这个动画不是很复杂，读者自己完成即可。

2）在第49帧选择要产生速度线的"中岛跑"图形元件，如图6-154所示。然后按【Ctrl+C】组合键进行复制。接着选择"文件"|"新建"命令，新建一个Flash（ActionScript 2.0）文件。最后按【Ctrl+V】组合键进行粘贴，如图6-155所示。

图6-154　在相应帧中选择要产生速度线的　　　　　图6-155　将"中岛跑"图形元件
　　　　　　　　"中岛跑"图形元件　　　　　　　　　　　　　　　粘贴到新建文件中

3）选择"文件"|"导出"|"导出图像"命令，在弹出的"导出图像"对话框中设置"文件名"为"径向模糊"，"保存类型"为PNG(png)(见图6-156)，单击"保存"按钮，接着在弹出的"导出PNG"对话框中设置参数如图6-157所示，单击"确定"按钮。

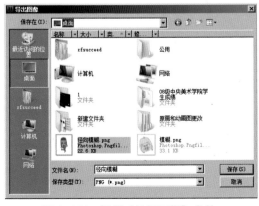 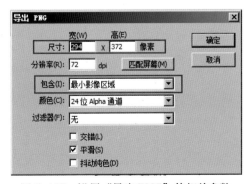

图6-156　设置"导出图像"参数　　　　　　　图6-157　设置"导出PNG"的相关参数

4）启动 Photoshop，然后选择"文件"|"打开"命令，打开刚才导出的"模糊.png"文件，如图 6-158 所示。

5）对图像进行径向模糊处理，从而制作出中岛跑动时的速度线效果。具体操作步骤如下：选择"滤镜"|"模糊"|"径向模糊"命令，在弹出的对话框中设置参数如图 6-159 所示，单击"确定"按钮，效果如图 6-160 所示。

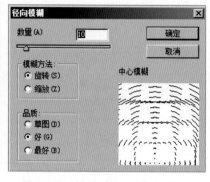

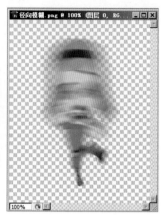

图 6-158　"模糊.png"文件　　　　图 6-159　设置"径向模糊"参数　　　　图 6-160　"径向模糊"后的效果

6）按【Ctrl+S】组合键将"径向模糊"后的图像文件进行保存。

7）回到 Flash　CS4 中，删除第 49 帧中要产生速度线效果的"中岛跑"图形元件。接着选择"文件"|"导入"|"导入到舞台"命令，导入径向模糊后的"径向模糊.png"图像，放置位置如图 6-161 所示。

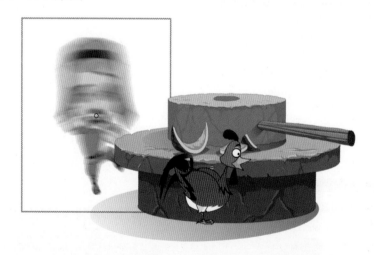

图 6-161　第 49 帧放置"径向模糊.png"图像的位置

8）同理，对其他帧中要表现速度线效果的中岛和公鸡对象进行径向模糊处理。

9）至此，速度线的表现效果制作完毕。按【Ctrl+Enter】组合键测试影片，即可看到效果，如图 6-162 所示。图 6-163 所示为 Flash 动画片《我要打鬼子》中鬼子中岛围绕着石磨捉鸡的速度线表现效果。

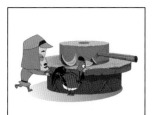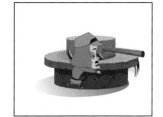

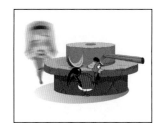

图 6-162　速度线的表现效果

图 6-163　Flash 动画片《我要打鬼子》中鬼子中岛围绕着石磨捉鸡的速度线表现效果

6.9　利用图形表现速度线的效果

制作要点

　　本例将制作中岛逃跑时速度线的表现效果，如图 6-164 所示。通过本例的学习，读者应掌握在 Flash 中利用图形制作速度线的方法。

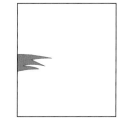

图 6-164　中岛逃跑时速度线的表现效果

操作步骤：

1) 新建一个 Flash（ActionScript 2.0）文件。

2) 选择"修改"|"文档"（快捷键【Ctrl+J】）命令，在弹出的"文档属性"对话框中设置"尺寸"为"720 像素 × 576 像素"，"背景颜色"为白色（#FFFFFF），"帧频"为 25fps（见图 6-165），单击"确定"按钮。

图 6-165　设置文档属性

3) 制作中岛转身前正面的一个姿势。具体操作步骤如下：选择"插入"|"新建元件"（快捷键【Ctrl+F8】）命令，然后在弹出的对话框中设置参数如图 6-166 所示，单击"确定"按钮，进入"中岛正面"图形元件的编辑状态；接着在"中岛正面"图形元件中利用事先准备好的相关素材拼合成中岛转身前正面的一个姿势，如图 6-167 所示。

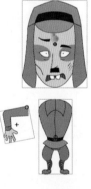

图 6-166　新建"中岛正面"图形元件　　　　图 6-167　将相关素材拼合成中岛正面的一个姿势

4) 制作中岛转身后侧面的一个姿势。具体操作步骤如下：选择"插入"|"新建元件"（快捷键【Ctrl+F8】）命令，然后在弹出的对话框中设置参数如图 6-168 所示，单击"确定"按钮，进入"中岛侧面"图形元件的编辑状态；接着在"中岛侧面"图形元件中利用事先准备好的相关素材拼合成中岛转身前侧面的一个姿势，如图 6-169 所示。

5) 制作中岛转身后跑的一个姿势。具体操作步骤如下：选择"插入"|"新建元件"（快捷键【Ctrl+F8】）命令，然后在弹出的对话框中设置参数如图 6-170 所示，单击"确定"按钮，进入"中岛转身跑"图形元件的编辑状态。

6) 在"中岛转身跑"图形元件中，从库中将"中岛正面"图形元件拖入舞台；然后在

第 11 帧按【F7】键插入空白关键帧。再从库中将"中岛侧面"图形元件拖入舞台。

图 6-168　新建"中岛侧面"图形元件

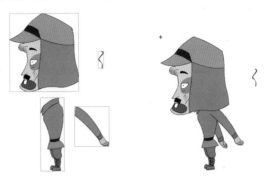

图 6-169　将相关素材拼合成中岛侧面的一个姿势

➕ 提 示

我们可以使用拉参考线的方法使第 1 帧"中岛正面"图形元件与第 11 帧"中岛侧面"图形元件的脚位置对齐，如图 6-171 所示。

第 1 帧　　　　　　　　　第 11 帧

图 6-170　新建"中岛转身跑"图形元件

图 6-171　利用参考线对齐两帧中的对象

7）在第 13 帧，按【F6】键插入关键帧。然后将"中岛侧面"图形元件略微向前倾斜作为缓冲动作，如图 6-172 所示。再在第 15 帧按【F7】键插入空白关键帧，接着绘制出用来表示速度线的图形，如图 6-173 所示。最后在第 17 帧按【F6】键插入关键帧，再调整速度线的位置和方向，如图 6-174 所示。

图 6-172　在第 13 帧将"中岛侧面"图形元件略微向前倾斜作为缓冲动作

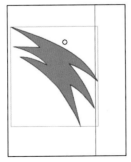

图 6-173　在第 15 帧绘制速度线

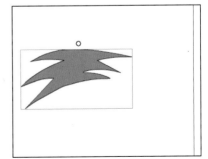

图 6-174　在第 17 帧调整速度线的位置和方向

8）在第20帧，按【F5】键插入普通帧，从而使时间轴的总长度延长到第20帧。此时时间轴分布如图6-175所示。

图6-175　"中岛转身跑"图形元件的时间轴分布

9）单击 场景1 按钮，回到场景1；然后从库中将"中岛转身跑"图形元件拖入舞台；接着在时间轴的第20帧，按【F5】键插入普通帧，如图6-176所示。

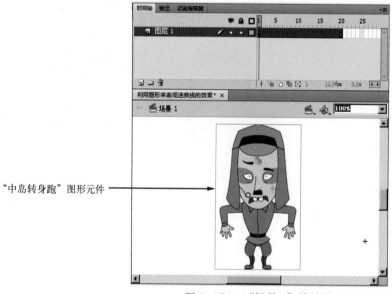

"中岛转身跑"图形元件

图6-176　"场景1"的效果

10）至此，中岛逃跑时速度线的表现效果制作完毕。按【Ctrl+Enter】组合键测试影片，即可看到效果，如图6-177所示。图6-178所示为Flash动画片《我要打鬼子》中中岛转身奔跑时速度线的表现效果。

图6-177　中岛逃跑时速度线的表现效果

图6-178　Flash动画片《我要打鬼子》中中岛转身奔跑时速度线的表现效果

6.10　眼中的怒火效果

制作要点

　　本例将制作动画片中常见的角色发怒时眼中的怒火效果，如图6-179所示。通过本例的学习，读者应掌握在Flash中制作眼中怒火效果的方法。

图6-179　眼中怒火效果

操作步骤：

　　1．制作火焰燃烧效果

　　1）新建一个Flash（ActionScript 2.0）文件。

　　2）选择"修改"｜"文档"（快捷键【Ctrl+J】）命令，在弹出的"文档属性"对话框中设置"尺寸"为"720像素×576像素"，"帧频"为25fps，"背景颜色"为白色（#FFFFFF）（见图6-180），单击"确定"按钮。

　　3）选择"插入"｜"新建元件"（快捷键【Ctrl+F8】）命令，然后在弹出的对话框中设置参数如图6-181所示，单击"确定"按钮，进入"火焰"图形元件的编辑状态。

　　4）火焰燃烧的一个动作循环中包括5个状态。下面在"单个火焰"图形元件中，首先绘制出火焰燃烧的一个状态，如图6-182所示。然后分别在第3帧、第5帧、第7帧和第9帧，按【F6】键插入关键帧，再分别绘制和调整这些帧中火焰的形状，如图6-183所示。

第⑥章　运动规律技巧演练

203

图 6-180　设置文档属性

图 6-181　新建"火焰"图形元件

图 6-182　绘制出火焰燃烧的一个状态

图 6-183　在不同帧绘制出火焰燃烧的一个动作循环中的其他状态

2．制作眼中的火焰

1）选择"插入"｜"新建元件"（快捷键【Ctrl+F8】）命令，然后在弹出的对话框中设置参数如图 6-184 所示，单击"确定"按钮，进入"眼中的怒火"图形元件的编辑状态。

2）在"眼中的怒火"图形元件中，将"图层 1"重命名为"左眼眶"，然后利用 ✐（铅笔工具）绘制出左眼眶的形状，如图 6-185 所示。接着在"左眼眶"层的第 20 帧，按【F5】键插入普通帧，从而将时间轴的总长度延长到第 20 帧。

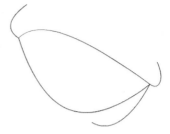

图6-184　新建"眼中的怒火"图形元件　　　　图6-185　绘制出左眼眶的形状

3）新建"左眼火焰"层，然后从库中将"火焰"图形元件拖入舞台，并适当调整大小。再将其放置到图6-186所示的位置。

4）将"左眼火焰"层移动到"左眼眶"的下方，然后右击"左眼眶"层，从弹出的快捷菜单中选择"遮罩层"命令，从而制作出左眼中的火焰效果，如图6-187所示。

图6-186　将"火焰"图形元件拖入舞台，　　　图6-187　利用"遮罩层"制作出
　　　　　并适当调整大小　　　　　　　　　　　　　左眼中的火焰效果

5）选中"左眼火焰"和"左眼眶"层的所有帧后右击，从弹出的快捷菜单中选择"复制帧"命令。接着在"左眼眶"上方新建两个层，再同时选择新建的两个层并右击，从弹出的快捷菜单中选择"粘贴帧"命令。最后选择"修改"｜"变形"｜"水平翻转"命令，再将其移动到适当的位置，并锁定这两个层，从而镜像出右侧眼中的怒火，如图6-188所示。

6）再将粘贴帧后的两个层重命名为"右眼眶"和"右眼火焰"，如图6-189所示。

图6-188　镜像出右眼眶中的怒火　　　　图6-189　"眼中的怒火"图形元件的时间轴分布

7）在"右眼眶"层的上方新建"眼眶"层，然后解锁"左眼眶"层，显示出左眼眶图形。接着选中左眼眶图形，按【Ctrl+C】组合键进行复制，再选择"眼眶"层，按【Ctrl+Shift+V】组合键将左眼眶中的图形原地粘贴到"眼眶"层。

8）同理，解锁"右眼眶"层，然后将右眼眶的图形原地粘贴到"眼眶"层。接着重新锁定"左眼眶"和"右眼眶"层，再将"眼眶"层移动到所有图层的下方。此时时间轴分布如图 6-190 所示，效果如图 6-191 所示。

图 6-190　"眼中的怒火"图形元件的时间轴分布

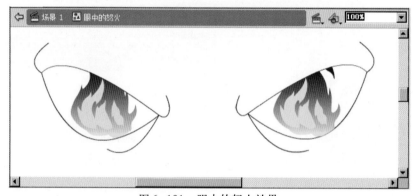

图 6-191　眼中的怒火效果

3. 拼合整个角色

1）单击 场景 1 按钮，回到场景 1。利用准备好的相关素材拼合成角色，如图 6-192 所示。接着从库中将"眼中的怒火"图形元件拖入舞台，放置位置如图 6-193 所示。

图 6-192　拼合出角色

图 6-193　将"眼中的怒火"图形元件拖入舞台

2）在第 5 帧按【F6】键插入关键帧。然后将该帧的所有素材向上略微移动，从而制作出角色发怒时身体的起伏变化。接着在时间轴的第 20 帧，按【F5】键插入普通帧。此时时间轴分布如图 6-194 所示。

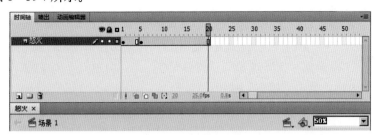

图 6-194　时间轴分布

3）至此，角色眼中的怒火效果制作完毕。按【Ctrl+Enter】组合键测试影片，即可看到效果，如图 6-195 所示。

图 6-195　眼中的怒火效果

6.11　人物奔跑的效果

 制作要点

　　本例将制作人物奔跑效果，如图 6-196 所示。通过本例的学习，读者应掌握在 Flash 中制作人物不断向前奔跑的方法。

图 6-196　人物奔跑的效果

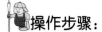操作步骤：

1．制作人物原地跑步的效果

1）新建一个 Flash（ActionScript 2.0）文件。

2）选择"修改"｜"文档"（快捷键【Ctrl+J】）命令，在弹出的"文档属性"对话框中设置"尺寸"为"720 像素×576 像素"，"背景颜色"为"白色（#FFFFFF）"，"帧频"为25fps（见图 6-197），单击"确定"按钮。

图 6-197　设置文档属性

3）准备素材。选择"插入"｜"新建元件"（快捷键【Ctrl+F8】）命令，然后在弹出的对话框中设置参数如图 6-198 所示，单击"确定"按钮，进入"素材"图形元件的编辑状态。然后在"素材"图形元件中准备出构成中岛角色的基本素材，接着将这些素材拼合成人物奔跑的一个姿势，如图 6-199 所示。

图 6-198　新建"素材"图形元件

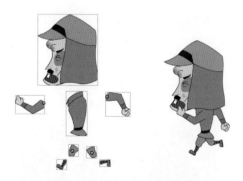

图 6-199　将准备好的人物素材进行组合

4）选择"插入"｜"新建元件"（快捷键【Ctrl+F8】）命令，然后在弹出的对话框中设置参数如图 6-200 所示，单击"确定"按钮，进入"中岛原地跑步"图形元件的编辑状态。

图 6-200　新建"中岛原地跑步"图形元件

5）将素材图形元件组合后的人物姿态进行复制，然后在"中岛原地跑步"图形元件中进行粘贴。

6）分别在第3帧、第5帧、第7帧、第9帧、第11帧、第13帧和第15帧按【F6】键插入关键帧。然后按照人物跑步的运动规律分别调整这些帧中角色相应形体的位置关系，如图6-201所示。接着在第16帧，按【F5】键插入普通帧。此时时间轴分布如图6-202所示。

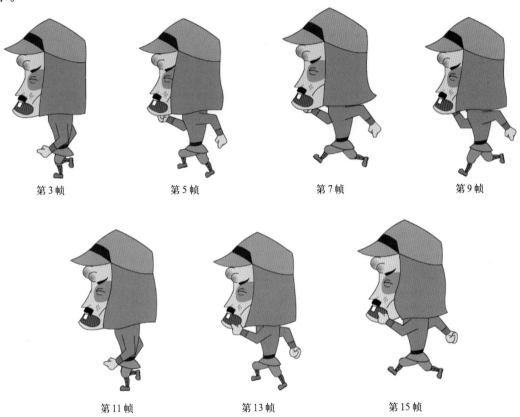

第3帧　　　　　　　第5帧　　　　　　　第7帧　　　　　　　第9帧

第11帧　　　　　　　第13帧　　　　　　　第15帧

图6-201　在不同帧调整人物跑步的姿势

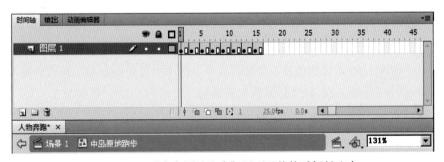

图6-202　"中岛原地跑步"图形元件的时间轴分布

2．制作人物向前跑步的效果

1）选择"插入"|"新建元件"（快捷键【Ctrl+F8】）命令，然后在弹出的对话框中设置参数如图6-203所示，单击"确定"按钮，进入"中岛向前跑步"图形元件的编辑状态。

图6-203　新建"中岛向前跑步"图形元件

2）在"中岛向前跑步"图形元件中，将库中的"中岛原地跑步"图形元件拖入舞台，如图6-204所示。然后在第16帧按【F6】键插入关键帧，并移动位置如图6-205所示。

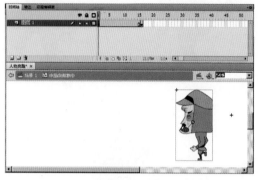

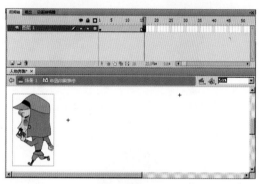

图6-204　将库中的"中岛原地跑步"　　　　　　图6-205　在第16帧移动"中岛原地跑步"
　　　图形元件拖入舞台　　　　　　　　　　　　　　　图形元件的位置

3）在第1~16帧创建传统补间动画，此时时间轴分布如图6-206所示。

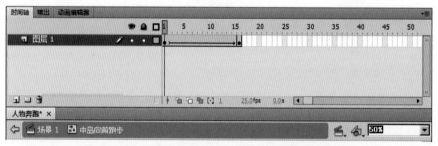

图6-206　"中岛向前跑步"图形元件的时间轴分布

4）单击 场景1 按钮，回到场景1。然后从库中将"中岛向前奔跑"图形元件拖入舞台。接着在时间轴的第16帧，按【F5】键插入普通帧，此时时间轴分布如图6-207所示。

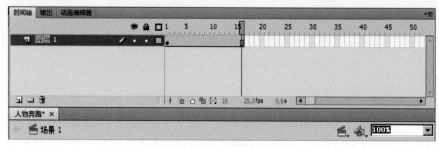

图6-207　时间轴分布

5）至此，人物奔跑的效果制作完毕。按【Ctrl+Enter】组合键测试影片，即可看到人物奔跑的效果，如图6-208所示。图6-209所示为Flash动画片《我要打鬼子》中中岛奔跑的效果。

图6-208　人物奔跑的效果

图6-209　Flash动画片《我要打鬼子》中中岛奔跑的效果

6.12　卡通片头过场效果

制作要点

本例将制作《我要打鬼子》中的卡通片头过场效果，如图6-210所示。通过本例的学习，读者应掌握在Flash中制作卡通片头过场效果的方法。

图6-210　卡通片头过场效果

211

操作步骤：

1．制作写有文字的木牌

1）新建一个 Flash（ActionScript 2.0）文件。

2）选择"修改"|"文档"（快捷键【Ctrl+J】）命令，在弹出的"文档属性"对话框中设置"尺寸"为"720 像素×576 像素"，"背景颜色"为"黑色（#000000）"，"帧频"为25fps（见图6-211），单击"确定"按钮。

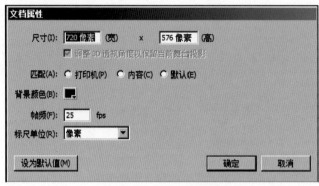

图6-211　设置文档属性

3）选择"插入"|"新建元件"（快捷键【Ctrl+F8】）命令，然后在弹出的对话框中设置参数如图6-212所示，单击"确定"按钮，进入"写有文字的木牌"图形元件的编辑状态。

4）在"写有文字的木牌"图形元件中，制作出相关部分，如图6-213所示。然后按【Ctrl+G】组合键将它们组合在一起。

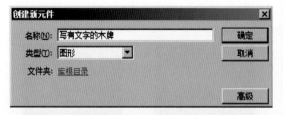

图6-212　新建"写有文字的木牌"图形元件

图6-213　制作出木牌的相关部分

2．制作逗豆角色推动木牌前进的几个姿势

1）选择"插入"|"新建元件"（快捷键【Ctrl+F8】）命令，在弹出的对话框中设置参数如图6-214所示，单击"确定"按钮，进入"逗豆推木牌姿势1"图形元件的编辑状态。

2）在"逗豆推木牌姿势 1"图形元件中，准备出构成逗豆角色的基本素材，然后将这些素材拼合成逗豆推木牌的一个姿势，如图 6－215 所示。

图 6－214　新建"逗豆推木牌姿势 1"图形元件　图 6－215　将准备的素材拼合成逗豆推木牌的一个姿势

3）同理，新建"逗豆推木牌姿势 2"、"逗豆推木牌姿势 3"和"逗豆推木牌姿势 4"3 个图形元件，然后准备好相关素材，再将这些素材拼合成逗豆推木牌的相关姿势，如图 6－216所示。

"逗豆推木牌姿势 2"图形元件　　　　　　　　　　　　"逗豆推木牌姿势 3"图形元件

逗豆推木牌姿势 4"图形元件

图 6－216　在不同元件中拼合逗豆推木牌的相关姿势

3．制作逗豆角色推动木牌前进的一个循环

1）选择"插入"｜"新建元件"（快捷键【Ctrl＋F8】）命令，然后在弹出的对话框中设置参数如图 6-217 所示，单击"确定"按钮，进入"逗豆推木牌前进的一个循环"图形元件的编辑状态。

2）在"逗豆推木牌前进的一个循环"图形元件中，从库中将"写有文字的木牌"和"逗豆推木牌姿势 1"图形元件拖入舞台并调整位置关系，放置位置如图 6-218 所示。

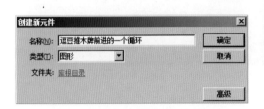

图 6-217　新建"逗豆推木牌前进的一个循环"图形元件

图 6-218　将"写有文字的木牌"和"逗豆推木牌姿势 1"图形元件拖入舞台并调整位置关系

3）在第 4 帧按【F6】键插入关键帧。然后将"写有文字的木牌"和"逗豆推木牌姿势 1"图形元件向左移动。接着右击第 4 帧的"逗豆推木牌姿势 1"图形元件，从弹出的快捷菜单中选择"交换元件"命令，在弹出的"交换元件"对话框中选择"逗豆推木牌姿势 2"图形元件，如图 6-219 所示，单击"确定"按钮，结果如图 6-220 所示。

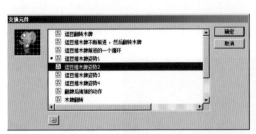

图 6-219　选择"逗豆推木牌姿势 2"图形元件

图 6-220　将"逗豆推木牌姿势 1"交换为"逗豆推木牌姿势 2"图形元件的效果

4）同理，分别在第 8 帧和第 12 帧按【F6】键插入关键帧。然后分别在这两帧中将"写有文字的木牌"和"逗豆推木牌姿势 2"图形元件向左移动，从而形成人物推木牌前进的效果。接着将第 8 帧的"逗豆推木牌姿势 2"图形元件交换为"逗豆推木牌姿势 3"图形元件，如图 6-221 所示，再将 12 帧的"逗豆推木牌姿势 2"图形元件交换为"逗豆推木牌姿势 4"图形元件，如图 6-222 所示。最后在第 15 帧按【F5】键插入普通帧，从而使时间轴的总长度延长到第 15 帧，此时时间轴分布如图 6-223 所示。

图6-221 在第8帧将"逗豆推木牌姿势2"图形　　图6-222 在第12帧将"逗豆推木牌姿势2"图形
元件交换为"逗豆推木牌姿势3"图形元件　　　元件交换为"逗豆推木牌姿势4"图形元件

图6-223 "逗豆推木牌前进的一个循环"图形元件的时间轴分布

4. 制作逗豆转身并翻转木牌的效果

1）选择"插入"｜"新建元件"（快捷键【Ctrl+F8】）命令，然后在弹出的对话框中设置参数如图6-224所示，单击"确定"按钮，进入"木牌翻转"图形元件的编辑状态。

2）在"木牌翻转"图形元件中绘制木牌的各个部分，如图6-225所示。

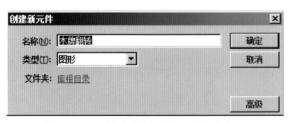

图6-224 新建"木牌翻转"图形元件

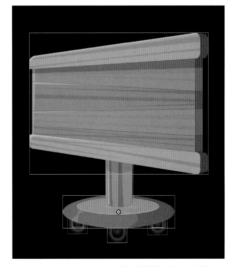

图6-225 在"木牌翻转"图形元件
中绘制木牌的各个部分

第6章　运动规律技巧演练

215

3）分别在第 3 帧、第 7 帧和第 9 帧按【F6】键插入关键帧，然后分别调整这些帧中的木牌旋转的形状，如图 6-226 所示。接着在第 10 帧按【F5】键插入普通帧。此时时间轴分布如图 6-227 所示。

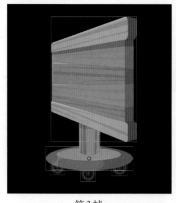
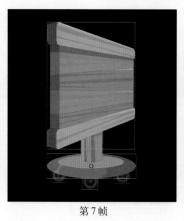
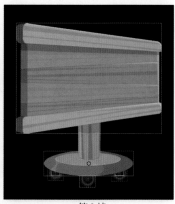

第 3 帧　　　　　　　　　　第 7 帧　　　　　　　　　　第 9 帧

图 6-226　在不同帧调整木牌旋转的形状

图 6-227　"木牌翻转"图形元件的时间轴分布

4）新建"文字和静态的猪猪头像"层，然后根据木牌翻转的角度将事先准备好的猪猪头像和"请欣赏..."文字素材变形一定的角度，如图 6-228 所示。

5）在"文字和静态的猪猪头像"层的第 3 帧按【F6】键插入关键帧，然后根据该帧木牌翻转的角度将事先准备好的猪猪头像和"请欣赏..."文字素材变形一定的角度，如图 6-229 所示。

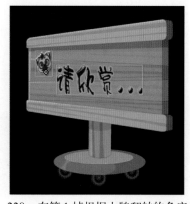
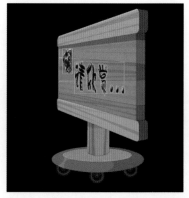

图 6-228　在第 1 帧根据木牌翻转的角度将事先准备好的猪猪头像和"请欣赏..."文字素材变形一定的角度

图 6-229　在第 3 帧根据木牌翻转的角度将事先准备好的猪猪头像和"请欣赏..."文字素材变形一定的角度

6）在"文字和静态的猪猪头像"层的第7帧按【F6】键插入关键帧，然后将文字"请欣赏…"改为"谁来救我"。接着根据该帧木牌翻转的角度来调整猪猪头像和"谁来救我"文字素材的旋转倾斜角度，如图6-230所示。

7）同理，在第9帧按【F6】键插入关键帧，然后根据该帧木牌翻转的角度来调整猪猪头像和"谁来救我"文字素材的旋转倾斜角度，如图6-231所示。此时时间轴分布如图6-232所示。

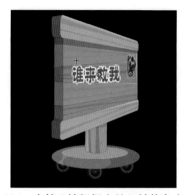

图6-230　在第7帧根据木牌翻转的角度将事先准备好的猪猪头像和"谁来救我"文字素材变形一定的角度

图6-231　在第9帧根据木牌翻转的角度将事先准备好的猪猪头像和"谁来救我"文字素材变形一定的角度

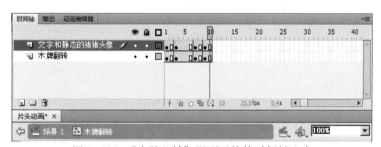

图6-232　"木牌翻转"图形元件的时间轴分布

8）选择"插入"｜"新建元件"（快捷键【Ctrl+F8】）命令，然后在弹出的对话框中设置参数如图6-233所示，单击"确定"按钮，进入"逗豆翻转木牌"图形元件的编辑状态。

9）在库中双击"逗豆推木牌前进的一个循环"图形元件进入编辑状态，然后单击第1帧，选中该帧的素材，再按【Ctrl+C】组合键进行复制。接着在库中双击"逗豆翻转木牌"图形元件进入编辑状态，按【Ctrl+Shift+V】组合键粘贴到当前位置，如图6-234所示。

图6-233　新建"逗豆翻转木牌"图形元件

图6-234　将"逗豆推木牌前进的一个循环"的第1帧粘贴到"逗豆翻转木牌"图形元件中

10）为了便于管理，下面将逗豆和木牌放置到不同图层中。具体操作步骤如下：选择粘贴后的木牌和逗豆素材并右击，从弹出的快捷菜单中选择"分散到图层"命令（见图6-235），此时时间轴分布如图6-236所示。接着删除"图层1"，并将"逗豆推木牌姿势1"层重命名为"逗豆动作"，将"写有文字的木牌"层重命名为"翻转前的木牌"，如图6-237所示。

图6-235　选择"分散到图层"命令　　　　　　图6-236　　"分散到图层"后的时间轴分布

图6-237　删除"图层1"并重命名其他层后的时间轴分布

11）在"逗豆动作"层第3帧按【F7】键插入空白关键帧，然后将事先准备好的逗豆角色的相关素材进行组合，如图6-238所示。

图6-238　在第3帧组合相关角色素材

12）同理，分别在第 5 帧、第 7 帧、第 9 帧、第 19 帧、第 22 帧、第 24 帧、第 30 帧、第 32 帧、第 34 帧、第 36 帧、第 38 帧和第 40 帧，按【F7】键插入空白关键帧，然后将事先准备好的逗豆角色的相关素材进行组合，如图 6-239 所示，从而制作出逗豆转身动作。最后在第 130 帧按【F5】键插入普通帧。

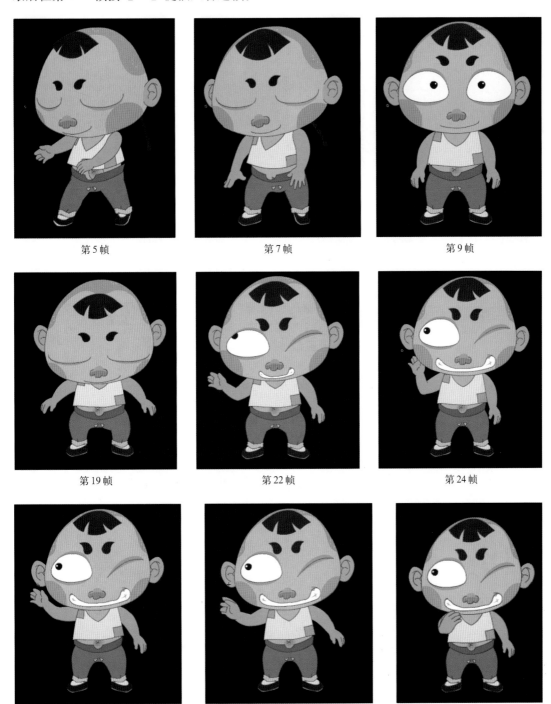

第 5 帧　　　　　　　　　第 7 帧　　　　　　　　　第 9 帧

第 19 帧　　　　　　　　第 22 帧　　　　　　　　第 24 帧

第 30 帧　　　　　　　　第 32 帧　　　　　　　　第 34 帧

图 6-239　在"逗豆动作"层的不同帧组合相关角色素材

第36帧

第38帧

第40帧

图6-239　在"逗豆动作"层的不同帧组合相关角色素材（续）

13）为了便于观看，下面将"翻转前的木牌"层移动到"逗豆动作"层的上方，然后在"翻转前的木牌"层的第34帧按【F7】键插入空白关键帧，接着新建"木牌翻转"层，在第34帧按【F7】键插入空白关键帧，再从库中将"木牌翻转"图形元件拖入舞台，放置位置如图6-240所示。最后在"木牌翻转"层的第44帧按【F7】键插入普通帧。

图6-240　将"木牌翻转"图形元件拖入舞台

14）新建"翻转后的木牌"层，然后在第44帧按【F7】键插入空白关键帧。接着从库中将"写有文字的木牌"图形元件拖入舞台，再选择"修改"|"分离"命令两次，将其每个元素分离为单个组，如图6-241所示，最后将文字"请欣赏..."替换为"谁来救我"，并将当前猪猪的静态图像替换为事先准备好的"翻牌后猪猪的动作"图形元件，如图6-242所示。此时时间轴分布如图6-243所示。

图6-241　将元件分离为单个组

图6-242　替换文字和猪猪头像

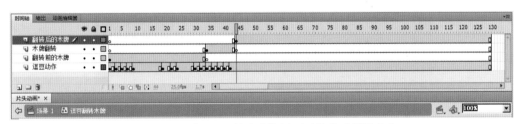

图6-243　"逗豆翻转木牌"图形元件的时间轴分布

⊕ 提 示

"翻牌后猪猪的动作"图形元件中为猪猪伸出头，然后眨眼汪汪叫的动画。制作方法比较简单，这里不再赘述。

5. 制作逗豆推木牌不断前进，然后转身翻转木牌的效果

1）选择"插入"|"新建元件"（快捷键【Ctrl+F8】）命令，然后在弹出的对话框中设置参数如图6-244所示，单击"确定"按钮，进入"逗豆推木牌不断前进，然后翻转木牌"图形元件的编辑状态。

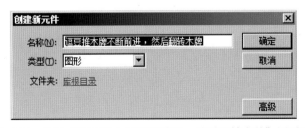

图6-244　新建"逗豆推木牌不断前进，然后翻转木牌"图形元件

2）从库中将"逗豆推木牌前进的一个循环"图形元件拖入舞台，然后在第 16 帧按【F6】键插入关键帧，接着在第 15 帧从标尺处拉出垂直参考线放置在左脚尖的位置，如图 6-245 所示，最后在第 16 帧，将"逗豆推木牌前进的一个循环"图形元件向前移动，使第 16 帧和第 15 帧的左脚尖位置相同，如图 6-246 所示。

图 6-245　在第 15 帧从标尺处拉出垂直参考线放置在左脚尖的位置

图 6-246　使第 16 帧和第 15 帧的左脚尖位置相同

3）在第31帧按【F6】键插入关键帧。接着在第30帧从标尺处拉出垂直参考线放置在左脚尖的位置，如图6-247所示。最后在第31帧，将"逗豆推木牌前进的一个循环"图形元件向前移动，使第31帧和第30帧的左脚尖位置相同，如图6-248所示。

图6-247　在第30帧从标尺处拉出垂直参考线放置在左脚尖的位置

图6-248　使第31帧和第30帧的左脚尖位置相同

4）在第46帧按【F6】键插入关键帧；接着在第45帧从标尺处拉出垂直参考线放置在左脚尖的位置，如图6-249所示。最后在第46帧，将"逗豆推木牌前进的一个循环"图形元件向前移动，使第46帧和第45帧的左脚尖位置相同，如图6-250所示。

图 6-249　在第 45 帧从标尺处拉出垂直参考线放置在左脚尖的位置

图 6-250　使第 46 帧和第 45 帧的左脚尖位置相同

　　5）在第 46 帧之后，逗豆开始转身，然后翻转木牌，而不是继续推木牌前进。因此需要将第 46 帧的"逗豆推木牌前进的一个循环"图形元件替换为"逗豆翻转木牌"图形元件。具体操作步骤如下：右击第 46 帧舞台中的"逗豆推木牌前进的一个循环"图形元件，从弹出的快捷菜单中选择"交换元件"命令，然后在弹出的"交换元件"对话框中选择"逗豆翻转木牌"图形元件（见图 6-251），单击"确定"按钮即可。

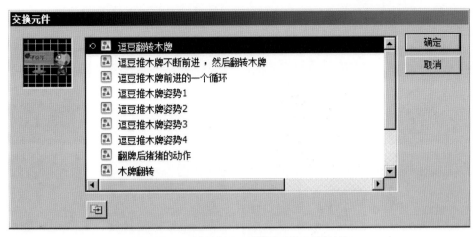

图6-251　选择"逗豆翻转木牌"图形元件

6）在时间轴的第175帧按【F5】键插入普通帧，此时时间轴分布如图6-252所示。

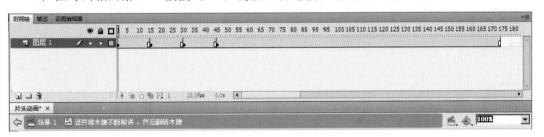

图6-252　"逗豆推木牌不断前进，然后翻转木牌"图形元件的时间轴分布

⊕ 提 示

　　由于"逗豆翻转木牌"图形元件有130帧，而此处是在"逗豆推木牌不断前进，然后翻转木牌"图形元件的第46帧中替换的"逗豆翻转木牌"图形元件，为了"逗豆翻转木牌"图形元件能够完整播放，因此需要在"逗豆推木牌不断前进，然后翻转木牌"图形元件的第175帧插入普通帧，从而保证在"逗豆推木牌不断前进，然后翻转木牌"图形元件中的"逗豆翻转木牌"图形元件的总长度为130帧。

　　7）单击 场景1 按钮，回到场景1。然后从库中将"逗豆推木牌不断前进，然后翻转木牌"图形元件拖入舞台。接着在时间轴的第175帧，按【F5】键插入普通帧，此时时间轴分布如图6-253所示。

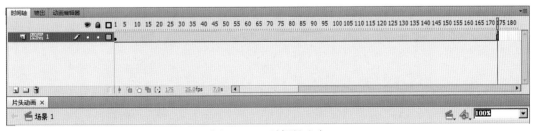

图6-253　时间轴分布

8）至此，整个卡通片头过场效果制作完毕。按【Ctrl+Enter】组合键测试影片，即可预览效果，如图6-254所示。

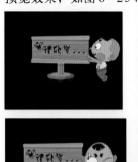

图6-254　卡通片头过场效果

课 后 练 习

1．制作如图6-255所示的人的行走效果，结果可参考配套光盘中的"课后练习\第6章　运动规律技巧演练\练习1\人的行走-完成.fla"文件。

图6-255　人的行走

2．制作如图6-256所示的人的奔跑效果，结果可参考配套光盘中的"课后练习\第6章　运动规律技巧演练\练习2\人的奔跑-完成.fla"文件。

图6-256　人的奔跑

3．制作如图 6-257 所示的小鸟的飞翔效果，结果可参考配套光盘中的"课后练习 \ 第 6 章　运动规律技巧演练 \ 练习 3\ 小鸟的飞翔 - 完成.fla"文件。

图 6-257　小鸟的飞翔

第 7 章

《谁来救我》——动作动画完全解析

本章重点

本章结合 Flash 动画片《我要打鬼子》中一集来解析动作动画创作，通过本章的学习，应掌握以下内容：

- 动作动画作品的剧本编写
- 动作动画的角色定位与设计
- 动作动画的素材准备
- Flash 动作动画的创作阶段
- 作品合成与输出

7.1 剧本编写阶段

由于本作品属于系列 Flash 动画片《我要打鬼子》中的一集。为了表现细腻的动画，因此大部分采用逐帧的方式对动画进行创作。这种方式对创作者在角色造型、场景设计以及动作结构等方面都有较高的要求。

本集创作剧本如下：

第 1 场　村中小路白天室外

（俯视空镜宁静的早晨，村子一片祥和之气）

画外音：咯咯哒！咯咯哒！（慌乱的鸡叫声）

（正面镜头中岛口水都流了出来，跑向镜头）

（背面镜头公鸡快速跑离镜头，身后中岛紧追不舍）

（俯视远镜公鸡和中岛在小路上曲折跑向前方）

背景音：公鸡慌乱的叫声

第 2 场　村中小院白天院内

（全景院子里没有人，院中有一石磨，远处屋旁的猪棚里老母猪和小猪仔们正依偎在一起睡觉）

画外音：咯咯哒

（正面镜头院门突然打开，公鸡跑向镜头，身后中岛伸直双手追了进来）

（侧面镜头公鸡和中岛围着石磨绕圈）

（仰视镜头公鸡拍打翅膀飞上了天）

背景音：鸡飞起的声音

（俯视镜头公鸡坐在猪棚的屋顶上，猪棚边上中岛抬头望着公鸡，露出可惜的表情）

（侧面镜头中岛低下头，看到了什么）

（特写屋旁的猪棚，小猪仔正在睡觉）

（正面镜头中岛向镜头蹑手蹑脚地走来）

（俯视镜头睡在圈边的一只小猪仔逐渐被阴影遮住）

（仰视镜头中岛坏笑着伸出双手）

（正面镜头中岛蹲在地上，看着手中抱着的小猪仔）

（正面镜头中岛抱起小猪露出贪婪的笑容，亲吻小猪）

（背面镜头阴影开始慢慢覆盖中岛的背，中岛转过头来）

效果音：中岛飞出猪棚的声音

（侧面镜头中岛从猪棚中呈一弧线飞出）

（背面镜头中岛背对镜头撞在猪棚的柱子上，手中的小猪仔从怀中逃出，跑出镜头）

（背面镜头中岛边转身向镜头看来）

（正面特写小人化的中岛和巨大化的母猪，母猪的眼里冒着火）

（侧面镜头中岛转身跑起来，身后老母猪紧追不舍，小猪仔们跟在老母猪身后）

背景声：逃跑的中岛声音和母猪发出的扑哧声。

（侧面镜头中岛向院门跑去）

第3场　村中白天室外

（正面镜头中岛从院门跑出，向镜头跑来）

背景音：母猪的叫声

（俯视镜头中岛呼哧呼哧的在前面跑，后面老母猪两眼冒火地追着）

（侧面镜头中岛边跑边向后张望）

（正面镜头母猪在身后很远的地方）

（侧面镜头中岛看到这个情况，停下脚步，嘲笑母猪）

（侧面镜头中岛动作夸张地在前面慢慢地跑，还发出狂妄的笑声）

（侧面镜头原本匀速追赶的母猪看到中岛的动作后，猛冲向中岛）

（正面镜头前面居然是一个死胡同，中岛左右张望有无其他路可走）

（背面镜头中岛转身看着追来的母猪，距离已经相当接近）

（背面镜头中岛吃力地去爬一棵歪脖子槐树）

（侧面镜头中岛爬树时刚爬上一点又滑下来，反复多次）

（背面镜头冲到树前的母猪将中岛的裤子咬破）

（俯视镜头中岛终于转头向下看着停在槐树下扑哧扑哧叫着的老母猪）

（侧面镜头中岛做鬼脸挑衅槐树下的母猪）

（背面镜头母猪气愤地撞树，树上的树叶不断地掉落下来）

画外音：蛇吐舌头的声音

（侧面镜头中岛听到声音，转头向后方的槐树枝看去）

（正面镜头槐树枝上被吵醒的一条巨蟒正一脸坏笑地看着镜头）

（正面镜头中岛一惊，顿时满头大汗，转头向下看看）

（俯视镜头下面母猪正虎视眈眈地看着镜头）

（正面镜头中岛转回头，看着巨蟒）

（侧面镜头中岛吓的从树上跌落，巨蟒用尾巴将中岛卷回树上）

（侧面镜头巨蟒张开大嘴向中岛咬过来）

（正面镜头中岛吓得大哭）

（正面镜头中岛惊恐之余看到身上的巨蟒的尾巴，集中生智）

（正面镜头中岛咬住巨蟒的尾巴）

（侧面镜头巨蟒疼痛难忍，将中岛甩出去）

（正面镜头中岛被甩出后，抓住了一个树杈，但惊魂未定，这个树杈因为承受不了中岛的重量而断裂，中岛吓得大哭）

（侧面镜头中岛幸好被一个大树杈接住，中岛趴在树杈上，往下一看，槐树枝下是一望无际的河塘）

（背面镜头中岛吓的往后退）

（正面镜头巨蟒张开大嘴咬住中岛的屁股）

（正面镜头中岛疼得脸变了色，然后大哭）

（侧面镜头中岛努力挣脱出巨蟒的大口，掉落到一个树杈上。然而还没等中岛回过神，树杈因经不住中岛而断裂）

（正面镜头中岛掉入水中）

第 4 场　河塘白天室外

（侧面镜头中岛看到一条鳄鱼的背，误以为是木头，就爬了上去）

（侧面特写鳄鱼睁开眼）

（侧面镜头鳄鱼沉入水中，中岛再次落水）

（侧面镜头鳄鱼咬住中岛）

（背面镜头中岛在鳄鱼嘴中挣扎）

（侧面镜头中岛被鳄鱼从嘴中吐出）

（背面镜头中岛挣扎着往前游，鳄鱼紧追在后）

中岛：哇啊￣￣￣￣（声音逐渐变大）

（正面镜头中岛露出害怕的表情游过镜头，身后鳄鱼张着大口也向这个方向游来）

（侧面镜头中岛一路怪叫地向前游去）

第 5 场　河塘中的小岛白天室外

（正面镜头河中央有一个小岛，小岛上有一棵树）

（侧面镜头中岛上岸，被鳄鱼咬住了屁股，中岛挣脱后，赶紧爬上了树）

（俯视镜头中岛在树上向下望，树下鳄鱼眼神恶狠狠地张着大嘴看着上面）

（正面镜头鳄鱼在树下打着盹）

（正面镜头中岛无奈地看着鳄鱼）

（侧面镜头中岛在树枝上，树身上又一圈被牙咬去的树皮）

（侧面镜头小岛上鳄鱼正在舒服地晒太阳，树已经变得光秃秃了）

（侧面镜头中岛光着上身，手中拿着上衣，衣服上面写着"谁来救我"四个字）

画外音（中岛）：谁来救我ㄧㄧㄧㄧㄧㄧㄧㄧㄧㄧ

（本集完）

7.2 角色设计与定位阶段

　　一部动画片中，角色所起的作用是不可估量的，它是动画中不可忽视的重要组成部分。角色的缺陷所造成的后果是致命的，很难想象一个丝毫不能引起观众共鸣的角色所发生的故事会吸引人。没有导演会忽视动画里的角色造型。造型是一部动画片的基础，从某个角度来说，动画片的角色造型相当于传统影片中的演员，演员的选择将直接导致影片成败，由此可见，角色造型在影片中的重要性。

　　在包含多个角色的动画片中，角色设定要有各自的典型特征和总体比例关系。本集动画片包括鬼子中岛、公鸡、母猪、小猪、巨蟒和鳄鱼6个角色，如图7-1所示。鬼子中岛是本集的主角，本集由开头又追鸡、又捉猪的强势，随着剧情的发展逐渐变为被母猪追的爬上树、再被树上蛇咬的掉入水中、最后又被鳄鱼追的不敢下树的弱势。通过波澜起伏的剧情变化以及中岛在剧中的搞笑动作，充分体现了中岛这个角色一方面爱占小便宜、欺负弱小；另一方面又胆小，惧怕比自己强大的对象的本质特征。

图7-1　《谁来救我》——《我要打鬼子》第7集中的基本角色设定

　　另外公鸡的特征是：动作敏捷、表情滑稽；母猪的特征是：强壮、因为中岛欺负了它的猪宝宝而变得十分凶狠；小猪的特征是：天真、可爱；巨蟒的特征是：强大、凶残；鳄鱼的特征是：强大、阴险、贪婪。

　　角色设定完成后，就进入角色素材准备阶段。图7-2所示为根据《谁来救我》一集中的基本角色设定来完成的角色转面图。

中岛的基本转面

图7-2　《谁来救我》一集中的角色转面图

公鸡角色的基本转面

母猪角色的基本转面

小猪角色的基本转面

图 7-2 《谁来救我》一集中的角色转面图（续）

巨蟒角色的基本转面和动作

鳄鱼角色的基本转面和动作

图7-2 《谁来救我》一集中的角色转面图（续）

　　这些角色的具体制作方法为首先要准备出构成角色的相关基本素材，然后再根据需要进行组合。图7-3所示为利用相关素材组合成角色的过程。

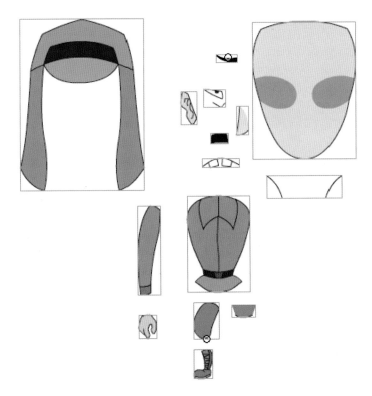

中岛角色的组合过程

图7-3 利用相关素材组合成角色的过程

第7章 《谁来救我》——制作动画完全解析

233

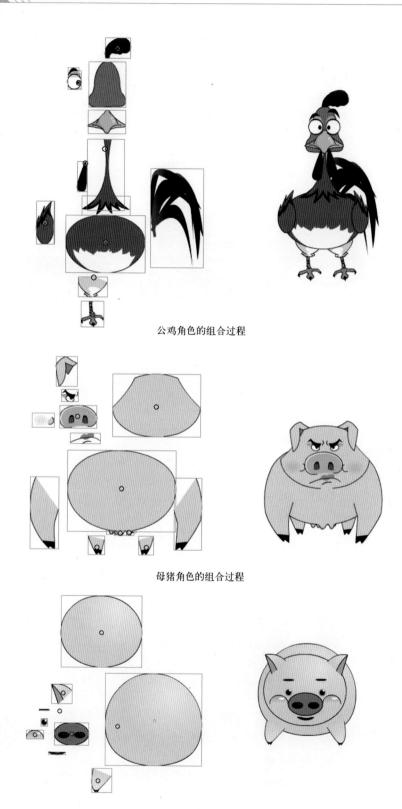

公鸡角色的组合过程

母猪角色的组合过程

小猪角色的组合过程

图 7-3 利用相关素材组合成角色的过程（续）

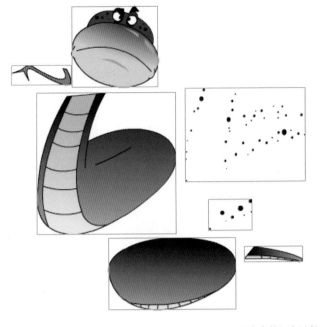

巨蟒角色的组合过程

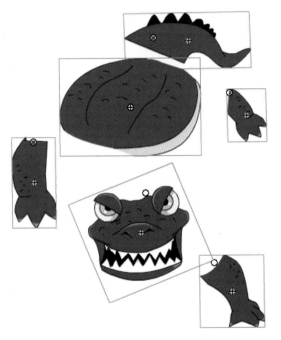

鳄鱼角色的组合过程

图 7-3　利用相关素材组合成角色的过程（续）

　　本集的主角是中岛，在本集中其有着丰富的表情和动作。图 7-4 所示为根据剧情需要设计出的中岛的各种表情，图 7-5 所示为根据剧情需要设计出中岛的各种动作图。

第7章　《谁来救我》——制作动画完全解析

⊕ 提 示

　　这些表情和动作的制作方法是首先准备好构成角色的基本素材，然后根据需要进行组合完成。

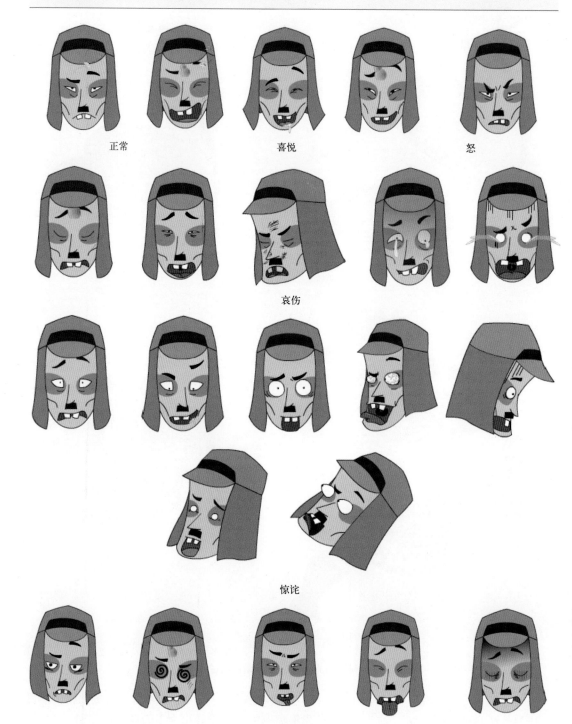

正常　　　　　　　　喜悦　　　　　　　　怒

哀伤

惊诧

其他表情

图7-4　中岛的表情

其他表情

图 7-4　中岛的表情（续）

图 7-5　中岛的动作图

7.3　场景设计阶段

　　根据剧情的需要，本集主要有村中小路白天室外、村中小院白天院内、村中白天室外、河塘白天室外、河塘中的小岛白天室外 5 个场景。图 7-6 所示为村中小路白天室外场景的组合过程，图 7-7 所示为村中小院白天院内场景的组合过程，图 7-8 所示为村中白天室外场景的组合过程，图 7-9 所示为河塘白天室外的组合过程，图 7-10 所示为河塘中小岛白天室外场景的组合过程。

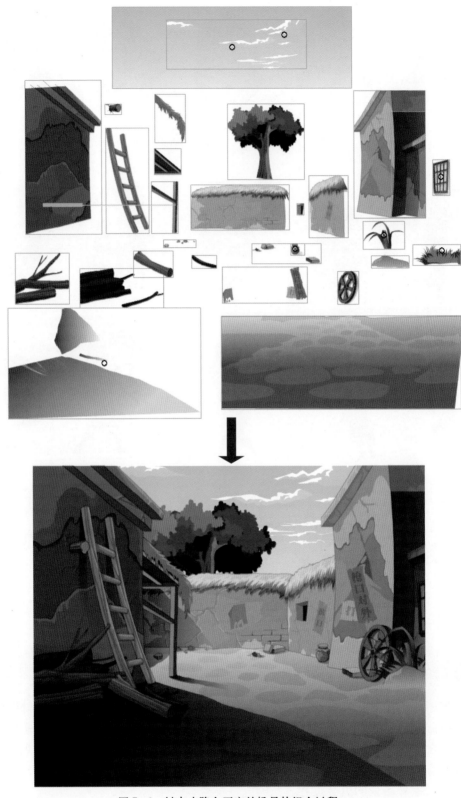

图 7-6　村中小路白天室外场景的组合过程

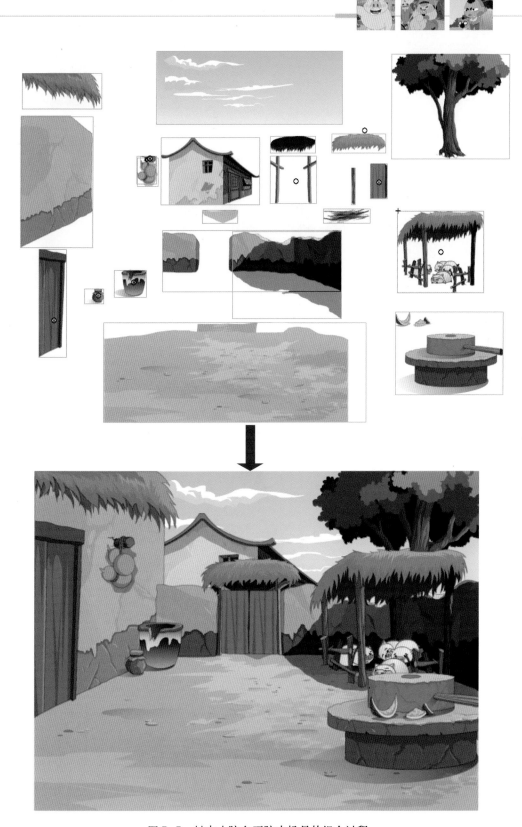

图7-7 村中小院白天院内场景的组合过程

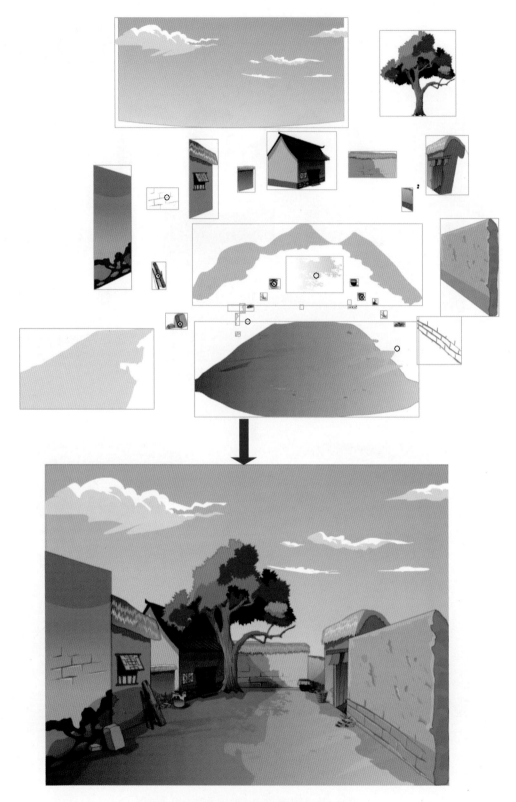

图 7-8　村中白天室外场景的组合过程

图 7-9　河塘白天室外的组合过程

图 7-10　河塘中小岛白天室外场景的组合过程

7.4　绘制分镜头阶段

　　剧本编写、角色定位与设计和场景设计完成后，接下来根据剧情绘制出相关的分镜头，为后面具体动画制作提供依据。

　　文字剧本是用文字讲故事，绘制分镜头就是用画面讲故事。通过观察文字剧本，我们看到文字剧本中的每一句话，都可以分成一个或多个镜头。本集绘制的分镜头的前半部分，可参考2.4.1节，其他的可参考配套光盘中的"第7章　《谁来救我》——《我要打鬼子》第7集动作动画完全解析＼分镜头"中的相关文件。

7.5　原动画创作阶段

　　本例原动画的制作分为片头动画和主体动画两部分。

7.5.1　制作片头动画

　　本集是Flash动画片《我要打鬼子》中的一集。在每集开头都有一个有趣的《我要打鬼子》中的主角逗豆推出木牌的卡通片头动画。在逗豆翻转木牌之后，木牌上会显示出本集的名称。逗豆在片头动画中的动作主要包括推木牌前进和转身后调皮地睁一只眼闭一只眼翻转木牌的动画。具体制作方法可参见6.13节。在片头动画的制作过程中应重点掌握根据逗豆行走的一个运动循环制作出多个运动循环的方法，以及利用二维Flash软件制作出三维翻转木牌效果的方法。

7.5.2　制作主体动画

　　本集主体动画的长度为5分钟，包括第1场村中小路白天室外、第2场村中小院白天院内、第3场村中白天室外、第4场河塘白天室外和第5场河塘中的小岛白天室外5部分。

1. 第1场小路白天室外

　　这部分动画描述的是中岛在小路上追鸡的内容。在这部分动画制作中，尘土和风的表现是这一部分的重点。图7-11所示为这部分动画中表现尘土的画面效果，具体制作方法可参见6.2节。图7-12所示为表现风吹卷动树叶的画面效果，具体制作方法可参见6.1节。

图7-11　表现尘土的画面效果

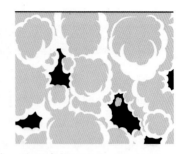

图 7-11　表现尘土的画面效果（续）

图 7-12　表现风吹卷动树叶的画面效果

2．第 2 场村中小院白天院内

这部分动画描述的是中岛在院中先围绕着石磨追鸡，后进猪圈捉小猪，再被母猪赶着跑出院子的内容。在这部分动画制作中，速度线的表现是重点。速度线的表现方法分为利用模糊表现速度线和利用图形表现速度线两种。图 7-13 所示为利用模糊表现速度线的画面效果，具体制作方法可参见 6.9 节。图 7-14 所示为利用图形表现速度线的画面效果，具体制作方法可参见 6.10 节。其中，中岛跑出院子后母猪和小猪追出院子的动画采用了连续使用图形来表现速度线的效果。

图 7-13　利用模糊表现速度线的画面效果

中岛转身跑出猪圈

图 7-14　利用图形表现速度线的画面效果

中岛跑出院子后母猪和小猪追出院子

图7-14　利用图形表现速度线的画面效果（续）

3．第3场村中白天室外

这部分动画描述中岛在村中先被母猪追的走投无路爬上树，后被树上惊醒的巨蟒咬住屁股，再挣脱巨蟒后由于树权断裂落入水中的内容。在这部分动画制作中，除了使用前面讲的两种速度线的表现方法外，还重点使用了人物中岛奔跑、眼中的怒火、睡眠、角色夸张流泪和水花溅起的表现效果。图7-15所示为这部分动画中表现人物中岛奔跑的画面效果，具体制作方法可参考6.11节。图7-16所示为这部分动画中表现眼中怒火的画面效果，具体制作方法可参考6.10节。图7-17所示为表现睡眠的画面效果，具体制作方法可参考4.4节。图7-18所示为表现角色夸张的流泪时的画面效果，具体制作方法可参见6.5节。

图 7-19 所示为表现水花溅起的画面效果，具体制作方法可参见 6.6 节。

图 7-15　中岛奔跑的效果

图 7-16　表现眼中怒火的画面效果

图 7-17　表现睡眠的画面效果

图 7-18　中岛哭时夸张的流泪效果

图7-19　中岛落水后水花溅起的效果

4．第4场河塘白天室外

这部分动画描述的是中岛落水后先误把鳄鱼背当成木头爬了上去，后被鳄鱼咬住经过挣扎逃脱，再被鳄鱼追赶的内容。在这部分动画制作中，鳄鱼和中岛的动作十分丰富，其中鳄鱼睁眼后眼球转动，然后灵机一动的效果是需要重点学习的地方。图7-20所示为这部分动画中表现鳄鱼睁眼后眼球转动，然后灵机一动的画面效果，具体制作方法可参见4.6节。

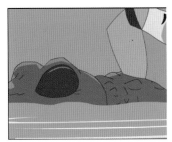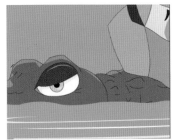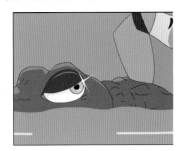

图7-20　鳄鱼睁开眼后眼球转动，然后灵机一动的画面效果

5．第5场河塘中的小岛白天室外

这部分动画描述的是中岛爬上小岛上的大树，而鳄鱼在树下守候多日，不愿放弃中岛这个猎物，中岛在树上饥寒交迫，等待别人来解救的内容。这部分动画的制作技巧在前面已经讲解过，这里就不再赘述。

7.6　作品合成与输出

选择"文件"｜"导出"｜"导出影片"命令，将这段动画输出为.swf格式的动画文件。

课后练习

从编写剧本入手制作一个动作类的动画，并将其输出为.swf格式文件。

制作要求：剧情贴近生活，角色不应少于三个，且要有个性，画面色彩搭配合理。动画总长度不少于90秒（以12帧/秒计算）。